乡村振兴 RURAL REVITALIZATION "三农"培训精品教材

大豆绿色高质高效生产技术

洪景彦　张冬菊　高俊儒　主编

中国农业科学技术出版社

图书在版编目（CIP）数据

大豆绿色高质高效生产技术／洪景彦，张冬菊，
高俊儒主编 . 北京：中国农业科学技术出版社，2023.6
（2025.4 重印）
ISBN 9787511663214

Ⅰ.①大… Ⅱ.①洪…②张…③高… Ⅲ.①大豆
高产栽培栽培技术无污染技术 Ⅳ.①S565.1

中国国家版本馆 CIP 数据核字（2023）第 115680 号

责任编辑 申 艳
责任校对 王 彦
责任印制 姜义伟 王思文

出 版 者 中国农业科学技术出版社
　　　　　　北京市中关村南大街 12 号　　邮编：100081
电 话 （010）82103898（编辑室）　　（010）82109702（发行部）
　　　　　　（010）82109709（读者服务部）
网 址 https://castp.caas.cn
经 销 者 各地新华书店
印 刷 者 北京中科印刷有限公司
开 本 140 mm×203 mm　1/32
印 张 5.375
字 数 130 千字
版 次 2023 年 6 月第 1 版　2025 年 4 月第 4 次印刷
定 价 35.00 元

前　言

　　大豆是重要的粮油作物，也是重要的工业原料和经济作物，在国家粮食安全中占有重要地位。近年来，随着人们生活水平的提高，大豆生产需求迅速增长。然而，大豆生产跟不上快速增长的压榨需求，产需缺口逐渐扩大，进口量连年增加。为解决大豆产业发展困境，我国出台了一系列政策振兴大豆产业，积极开展大豆生产绿色高质高效行动。

　　为加快大豆生产和新技术的应用，推动大豆产业向绿色高质高效发展，编者结合多年的实践经验，编写了本书。本书分为9章，分别为大豆的生物学特征、大豆播种技术、大豆田间管理技术、大豆高质高效栽培技术、大豆轮作技术、大豆玉米带状复合种植技术、大豆病虫草害绿色防控防治技术、大豆自然灾害防控技术、大豆收获与贮藏。本书注重可读性，尽量以通俗的语言进行介绍；体现系统性，涵盖了大豆从播种到收获的各个方面；突出创新性，精选了当前生产上推广应用的新品种和新技术。

　　由于编者水平有限，书中难免存在不足之处，欢迎广大读者批评指正！

编　者

2023 年 5 月

目　　录

第一章 大豆的生物学特征

第一节 大豆的形态特征

一、大豆的根

（一）根的组成

大豆的根属于直根系，由主根、侧根和根毛3部分组成。主根较粗，直接由种子胚根发育而产生，垂直向下生长。侧根是由主根产生的分枝，初期呈横向生长，以后向下生长。直接来自主根的为一级侧根，一级侧根上产生的为二级侧根，依此类推。幼嫩的根部有密生的根毛，它是根吸收养分的主要部分。

（二）大豆根系的特征

大豆根系的一般特征：一是根的大部分集中于20厘米表土耕层；二是在地表8厘米范围不仅主根粗大，而且主要侧根也集中在这里；三是粗大的侧根在地表8厘米处的主根上分生后，向周围平行扩展远达50厘米，并与其他侧根交织，其后急转直下，深度和形状与主根类同。

（三）大豆根的生长

大豆根的生长在整个生长期呈单峰曲线模式。正常条件下，播种5~6天后开始发芽，胚根伸长，突破种皮入土，形成一个锥形主根，根端具生长点，一直向下生长。不久，在近地表的主根

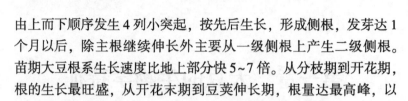

由上而下顺序发生4列小突起，按先后生长，形成侧根，发芽达1个月以后，除主根继续伸长外主要从一级侧根上产生二级侧根。苗期大豆根系生长速度比地上部分快5~7倍。从分枝期到开花期，根的生长最旺盛，从开花末期到豆荚伸长期，根量达最高峰，以后逐渐衰败，到种子开始形成时，根的延长与生长停止。

（四）大豆根瘤

大豆的根瘤是由大豆根瘤菌在适宜的环境条件下侵入根毛后产生的。大豆扎根后，根系产生一种能诱使根瘤菌趋向根尖的分泌物，使带鞭毛的根瘤菌聚集于根毛附近，然后从根毛尖端侵入根部，被侵入的根部皮层细胞因受刺激而加速分裂，细胞数量增多，组织膨大，形成根瘤。当根瘤长成以后，根瘤合成的铵态氮通过维管束输送给大豆，约3/4的铵态氮供大豆生长发育，1/4的铵态氮供给根瘤本身生长，这时根瘤与大豆是共生关系。

二、茎和分枝

大豆茎秆强韧，茎上有节，一般主茎有节14~20个。幼茎有紫色、绿色两种颜色，紫茎开紫花，绿茎开白花。成熟后茎呈黄褐色。茎高一般50~100厘米。有限结荚习性品种植株矮壮，无限结荚习性品种植株高大。茎上有分枝，分枝的数量与品种、环境、栽培条件有密切关系。

三、叶和花序

大豆的叶分为子叶、单叶和复叶。子叶2片，富含养分。子叶出土前为黄色或绿色，出土后经阳光照射变为绿色，能进行光合作用。保护子叶是实现壮苗的重要条件。

子叶展开后2~3天即长出2片对生真叶，以后每节长出由3片小叶组成的复叶。每一复叶由托叶、叶柄和小叶组成。研究表明，大豆光合速率与小叶厚度、单位面积叶片干重的相关性极显著，这2个性状可以作为选育高光效大豆品种的间接依据。

大豆为总状花序，着生于叶腋间或植株顶部。花朵簇生在花柄上，每个花簇一般有15~20朵花。大豆落花落荚率较高，一般达30%~40%。每一单花由苞叶、花萼、花冠、雄蕊和雌蕊组成。大豆花为白色或紫色，自花授粉。

四、荚果和种子

大豆果实为荚果，一般含种子2~3粒。荚果被有茸毛，成熟时为黄色、灰色、褐色等固定色泽，为其品种特征。荚果开裂的难易，常因品种不同而异，不开裂性品种有利于机械化收获，损失小。每簇花通常着生3~5个豆荚，每株结荚数因品种、类型和栽培季节不同而异，一般20~30个荚，每株结荚数的多少，是丰产性能高低的表现。

大豆种子的形状有圆形、椭圆形、长扁椭圆形等。种子大小通常用百粒重（即100粒种子的克数）表示。百粒重14克以下的为小粒种，14~20克的为中粒种，20克以上的为大粒种。栽培品种多为中粒种。

第二节　大豆的生育时期

从大豆播种到新的种子成熟，叫作大豆的一生。大豆的一生可分为发芽和出苗期、幼苗期、分枝期、开花期、结荚期和鼓粒期6个时期。

一、发芽和出苗期

大豆种子要吸足相当自身重量100%~150%的水分，在有适宜温度和充足氧气的条件下才可正常发芽。贮藏在子叶里的营养物质，如在酶的作用下，蛋白质水解成氨基酸，脂肪水解成脂肪酸和甘油，淀粉水解成单糖，供种子萌发需要。胚细胞利用这些营养物质进行旺盛的新陈代谢作用，形成新的细胞，开始生长。首先，胚根从珠孔伸出，当胚根与种子等长时就叫作发芽。其次，胚轴伸出，种皮脱落，子叶随着下胚轴的伸长包着幼芽露出地面，称为出苗，子叶出土见光后由黄色变绿色，进行光合作用，合成有机物质，供幼苗生长需要。

二、幼苗期

从出苗到分枝出现称为幼苗期。大豆出苗后，幼苗继续生长，上面两片对生的单叶（即真叶）随即展开，此时称为真叶期，接着长出第一个复叶称为三叶期。三叶期根瘤开始形成，根系生长快，地上部的生长也日渐加快，这个阶段一般需要20~25天。

三、分枝期

从形成第一个分枝到第一朵花出现称为分枝期。此期植株开始旺盛生长，一方面形成分枝，加速花芽分化，扩展根系；另一方面植株增加养分积累，为下阶段生长准备物质条件。此期营养生长与生殖生长并进，但仍以营养生长为主。

大豆的分枝由复叶叶腋内的分枝芽发育而来，植株下部芽大部分能发育成分枝，一般有4~5个，中、上部的腋枝多发育成花序。第一级分枝还能长出第二级分枝、第三级分枝……大豆枝芽的分化能力与栽培条件有关，在环境条件不良或密度过大时，枝芽呈潜伏状态，分枝少，结荚部位提高。大豆分枝数量与单株生产力密切相关，分枝多，单株产量高。

四、开花期

大豆 2/3 以上的植株出现 2 个以上花朵的时期称为开花期。大豆从花芽分化到开始开花的天数比较稳定，一般 20~30 天。全田开花株数达 10% 时为始花期，达 50% 时为开花期，达 90% 时为终花期。大豆从出苗到开花的天数，因品种和栽培季节不同而异，一般为 34~60 天。

五、结荚期

大豆授粉、受精后，子房发育膨大，形成幼荚。当荚长达 1 厘米时叫作结荚。全田有 50% 植株已结荚时叫作结荚期。大豆结荚顺序与开花顺序相同。豆荚的生长是先长荚的长度，后长荚的宽度，最后长荚的厚度。

六、鼓粒期

大豆鼓粒期是从荚内豆粒开始鼓起开始，到体积与重量最大时结束。大豆开花前，花粉即散落在柱头上，一般在 24 小时内完成受精过程。荚果的发育至开花后 20 天达最大值。当荚果伸长达最大值时，籽粒就迅速膨大，此时叶片的有机物质不断转移到籽粒中。这是决定每荚粒数、粒重和营养成分的重要时期。籽粒的发育最先长宽度，然后长长度和厚度。

第三节　大豆栽培的环境条件

一、土壤

大豆是深根作物，具有强大的根系，一般主根入土 35~50

厘米，有时可深达 80~100 厘米。大豆的适应能力比较强，对土壤的要求不高，大部分土壤都可以正常生长。但是想要种植出高品质、高产量的大豆还应选择土层深厚、排水良好、腐殖质含量高、结构良好的壤土。最适宜的土壤 pH 值为 6.8~7.5。

二、温度

大豆是喜温作物，种子发芽的适宜温度为 18~20℃，气温达到 25℃以上 4 天就能出苗。大豆幼苗期能耐短期低温，随着苗龄的增长，耐低温的能力逐渐减弱。

大豆生长期间最适温度为 15~20℃，开花期要求 20~25℃，如果温度低于 15℃，开花结荚受影响。春大豆播种期间，如遇寒潮阴雨天气，往往出苗缓慢，甚至烂种缺苗。秋大豆播种过晚，易遭寒潮。因此，在茬口安排上要趋利避害，满足大豆生长发育对温度的需要。

三、光照

大豆是喜光作物。光合面积、光合能力及光合时间直接影响大豆的产量。因此，合理密植、适时早播或育苗移栽，延长叶片寿命，防止叶片早衰，增加叶片光合能力，是大豆获得高产的关键。但是大豆也是一种短日照作物，所以要控制好每天的光照时间，控制好黑暗与光照时间的比例，促进大豆的开花，否则将会延长大豆的生育期。

四、水分

大豆是需水较多的作物。不同的生长阶段大豆有不同的需水量。从播种至出苗前的这段时间内要保证土壤湿透，增强种子吸水，促进种子发芽出苗，土壤含水量要保持在 55% 左右。在开花期，大豆的生长速度加快，水分的需求量也急剧上升。但是灌溉量不能过多，防止沤根烂花。因此，灌溉量过多或者遇到阴雨天的时候要及时排水。

五、养分

大豆是需要养分较多的作物。与水稻、小麦相比，大豆制造1个单位干物质所需的养分氮多2倍，磷、钾多0.5~1.0倍。其一生需肥的情况：从出苗至始花，氮、磷、钾吸收量占总吸收量的25%~35%；从始花到鼓粒需氮量占总需氮量的54%左右，需磷量占52%左右，需钾量占62%左右；生育后期对氮、钾的吸收大为减少，但对磷的吸收仍未终止。从苗期至开花期适量追施氮肥，有利于分枝、花芽分化和开花结荚。

大豆除需要较多的氮、磷、钾外，还需要一定量的钙、锌、铜、钼等多种元素。钙可促进磷和铵态氮的吸收。大豆种子钼素含量较高，一般认为种子含钼量小于26毫克/千克时，施钼肥能增产。

第二章　大豆播种技术

第一节　大豆品种选择

一、大豆品种选择原则

选择适宜的优良品种是大豆高质高效生产的前提。在大豆生产中，首先应选择已审定的优良品种，然后从大豆的栽培目的，适应性，生育期，结荚习性，粒形与粒大小，种皮、种脐色及茸毛色，抗病虫特性等生态性状进行选择。

(一) 栽培目的

在生产专用型大豆时，特别要注意选用适宜的品种。在普通型大豆生产中，品种和配套栽培措施的作用各占一半，但在专用型大豆生产时，品种的作用约占70%，栽培措施的作用只占30%左右。例如，高油大豆的生产，一般要选用含油量超过21%的品种；高蛋白质大豆的生产，要选择蛋白质含量超过45%的品种；菜用大豆的生产，一定要选用籽粒大、容易裂荚的专用品种。

(二) 适应性

适应性是指大豆长期受到环境条件的影响，形态结构和生理生化特性随之发生改变。例如，大豆是短日照作物，缩短日照可加速发育，延长日照则延迟开花。长期生长在地理纬度不同的地区，会形成一些对日照反应不同的类型。一般日照时数由南向北逐渐增加，因此，在日照长的北方形成了短日性弱的品种；而在日照短的南方，形成了短日性强的品种。

（三）生育期

大豆品种的生育期是由其光、温反应特性决定的。它关系到一年一熟春大豆区的品种对无霜期的适应性及在霜前的成熟度。对于夏大豆和秋大豆，选择不同生育期品种时必须考虑复种的要求。

在南方大豆区，无霜期在300天以上，可根据复种需要，种植春播、夏播、秋播、冬播大豆。夏大豆于5月下旬至6月上旬播种，9月下旬至10月上旬收获，可选用生育期为110~125天的中早熟或中晚熟品种。春大豆于3月底至4月上旬播种，7月中旬至8月上旬收获，选用生育期为100~110天的中熟品种或95~100天的早熟品种。秋大豆多在7月底早稻收获后种植，宜选用生育期为90~115天的中早熟或晚熟品种，总之要根据换茬安排，选用生育期适宜的品种。

（四）结荚习性

不同结荚习性的大豆品种对土壤肥力等栽培条件适应能力不同。有限结荚习性的品种茎秆粗壮、节间短，株高中等，在肥水充足条件下，结荚多，粒大饱满，丰产性能高，适合在多雨、土壤肥沃的地区种植；无限结荚习性品种，对肥、水要求不太严格，即使种在瘠薄地区，仍能获得一定的产量。亚有限结荚习性品种对肥、水条件的要求介于前两者之间。在亚有限结荚习性品种中，株高中等、主茎发达的品种，适合在较肥沃的地区种植，植株高大、繁茂性强的，则适合在瘠薄的地区种植。在多雨、肥沃地区种植的大豆，或稻田的田埂豆，或与玉米间作的大豆，应选用丰产性能高、茎秆粗壮、中大粒的有限结荚习性品种。在少雨瘠薄、生长季节短的高纬度地区及冷凉山区，应选用无限结荚

习性品种。

（五）粒形与粒大小

不同粒形与粒大小的大豆品种对土壤肥力和栽培条件适应能力不同。性状愈接近野生大豆，其品种抗性愈强。大粒种要求土壤肥沃、水分充足。椭圆形、扁椭圆形、种粒小的品种，较能适应不良的环境条件。

应根据用途需求选用品种粒大小。菜用大豆，百粒重 38~40克；生豆芽用的品种，百粒重 4~5 克；作饲料的秋大豆，百粒重 6~10 克。

（六）种皮、种脐色及茸毛色

种皮、种脐色及茸毛色是表征大豆进化程度的一个指标。种皮、种脐色及茸毛色深是大豆较为原始的特征，种皮色有黄色、青色、黑色、褐色、灰色等。

（七）抗病虫害特性

宜选用抗病虫害的大豆品种。选用大豆品种，除考虑以上生态性状外，还要考虑耕作栽培条件。例如，在大豆机械化栽培地区，应选用植株高大、秆强不倒、主茎发达、株型紧凑、结荚部位高、不易烂荚落粒的品种，以利于机械收割和脱粒。

二、大豆主要优良品种

2023 年 3 月 1 日，农业农村部发布《国家农作物优良品种推广目录（2023 年）》，重点推介了 10 种农作物 241 个优良品种。其中，推介的大豆优良品种有 22 个，涉及骨干型品种 10个、成长型品种 6 个、苗头型品种 2 个、特专型品种 4 个。

（一）骨干型品种

骨干型品种是审定（登记）推广 5 年以上，主要粮棉油品种在适宜生态区连续 3 年推广面积进入前 10 位、重点蔬菜品种连续 3 年推广面积进入全国前 5 位的品种。

1. 黑河 43

【品种特点】高产稳产，抗逆性强，适应性广。

【特征特性】亚有限结荚习性。株高 75 厘米左右，无分枝，紫花，长叶，灰色茸毛，荚长形，成熟时呈灰色。种子圆形，种皮黄色，种脐浅黄色，有光泽，百粒重 20 克左右。蛋白质含量 41.84%，脂肪含量 18.98%。接种鉴定中抗灰斑病。在适应区生育期为 115 天左右，需 ≥10℃ 活动积温 2 150℃ 左右。黑龙江大豆品种区域试验平均亩产 162.8 千克，比对照品种增产 8.8%；生产试验平均亩产 140.7 千克，比对照品种增产 10.5%。

【适宜推广区域】适宜在黑龙江第四积温带、内蒙古呼伦贝尔 ≥10℃ 活动积温 2 200℃ 以上地区、新疆北部大豆特早熟区域春播种植。

2. 齐黄 34

【品种特点】高产稳产，抗病性强，耐盐碱，耐阴，适应性广。

【特征特性】有限结荚习性。黄淮海地区夏播生育期 103~108 天。株型半收敛。株高 87.6 厘米，主茎 17 节，有效分枝 1 个，底荚高度 17~23 厘米，单株有效荚数 38 个，单株粒数 89 粒，单株粒重 23.1 克，百粒重 28.6 克。卵圆形叶片，白色花，棕色茸毛。籽粒椭圆形，种皮黄色、微光泽，种脐黑色。粗蛋白质含量 42.58%，粗脂肪含量 19.97%。参加黄淮海中片夏大豆品种区域试验，两年平均亩产 198.6 千克，比对照品种增产 5.4%；生产试验平均亩产 217.6 千克，比对照品种增产 12.0%。

【适宜推广区域】适宜在北京、天津、河北、山东、江苏及陕西关中平原地区夏播种植；在四川、贵州、广东、广西、福建、海南、湖南南部和江西南部地区春播种植。

3. 克山 1 号

【品种特点】高产稳产，高油，抗逆性强，适应性广。

【特征特性】亚有限结荚习性。株型收敛。株高 71.5 厘米，主茎 12 节，长叶，紫花，灰色茸毛，单株有效荚数 26 个，单株粒数 58 粒。百粒重 19.8 克，籽粒圆形，种皮黄色，脐黄色。成熟时落叶性好，不裂荚。田间表现抗病和抗倒伏。粗脂肪含量 21.82%，粗蛋白质含量 38.04%。中感花叶病毒 1 号（SMV I）株系，感花叶病毒 3 号（SMV III）株系，中抗灰斑病。生育期平均 112 天。参加北方春大豆早熟组品种区域试验，两年区域试验平均亩产 175.3 千克，比对照品种增产 11.4%；生产试验平均亩产 176.2 千克，比对照品种增产 6.9%。

【适宜推广区域】适宜在黑龙江第三积温带下限和第四积温带、吉林东部山区、内蒙古呼伦贝尔中部和南部、新疆北部地区春播种植。

4. 登科 5 号

【品种特点】群体整齐，抗倒伏，耐密植，成熟后抗炸荚，高油。

【特征特性】北方春大豆极早熟品种，生育期 108 天。亚有限结荚习性，主茎 16 节，单株有效荚数 28 个。下胚轴紫色，株型收敛，株高 68.0 厘米，披针叶，紫花、灰色茸毛。荚弯镰形，荚果成熟褐色。籽粒圆形，种皮淡黄色，脐黄色，百粒重 19 克。粗蛋白质含量 38.35%，粗脂肪含量 21.91%。接种鉴定中感大豆花叶病毒 SMV I 号株系，感大豆花叶病毒 SMV III 号株系，抗大豆灰斑病 1 号、7 号混合小种，抗菌核病，耐疫霉根腐病。2009 年参加内蒙古大豆早熟组品种区域试验，平均亩产 158.6 千克，比对照品种增产 12.4%；2010 年参加内蒙古大豆早熟组品种区域试验，平均亩产 188.0 千克，比对照品种增产 9.9%；2010 年参加内蒙古大豆早熟组品种生产试验，平均亩产 166.7 千克，比对照品种增产 7.1%。

【适宜推广区域】适宜在内蒙古 ≥10℃ 活动积温 2 100℃ 以上地区和黑龙江第五积温带春播种植。

5. 中黄 13

【品种特点】高产，优质，多抗，适应性广，适宜种植区域跨 3 个生态区，纬度跨 13°。

【特征特性】有限结荚习性。半矮秆品种，株高 76 厘米左右，主茎 17~19 节，有效分枝 2~3 个，底荚高度 20 厘米，单株有效荚数平均 50 个，结荚密且荚大。幼茎紫色，叶椭圆形，紫花，灰色茸毛。籽粒椭圆形，种皮黄色，脐褐色，百粒重 25 克左右。抗倒伏，耐涝，抗花叶病毒病、紫斑病，中抗孢囊线虫病。蛋白质含量 42.84%，脂肪含量 18.66%。参加安徽大豆品种区域试验，平均亩产 202.7 千克，比对照品种增产 16.0%；生产试验，平均亩产 192 千克，比对照品种增产 12.7%。

【适宜推广区域】该品种适应性较广，可春播、夏播兼用，是迄今为止国内适应范围最广的大豆品种。适合我国 14 个省份推广种植，包括安徽、山东、陕西、山西、河北、河南、江苏、湖北等地夏播种植，以及天津、辽宁南部、内蒙古南部、北京、河北北部等地春播种植。

6. 垦丰 16

【品种特点】高产稳产，优质，中抗灰斑病，抗逆性强，适应性广。

【特征特性】亚有限结荚习性。寡分枝类型，株高 65 厘米左右。尖叶、白花，灰色茸毛。3~4 粒荚较多，荚褐色。籽粒圆形，种皮黄色、有光泽，脐黄色，百粒重 18 克。生育期 120 天左右，需≥10℃ 活动积温 2 447.2℃。蛋白质含量 40.50%，脂肪含量 20.57%。该品种百粒重较小，籽粒圆形、种皮黄色，出芽率高、整齐，尤其在生育后期遇干旱条件下，"石豆"少，适合作芽豆品种。根据豆浆的组织状态、色泽、香气、润滑度、口感度、滋味等标准评判，适宜作豆浆用豆。黑龙江大豆品种区域试验平均亩产 169.3 千克，比对照品种增产 7.9%；生产试验平均亩产 210.0 千克，比对照品种增产 14.4%。

【适宜推广区域】适宜在黑龙江第二积温带及吉林大豆早熟区种植。

7. 冀豆 12

【品种特点】高蛋白质，高产稳产，广适多抗，耐盐，豆制品加工出品率高。

【特征特性】有限结荚习性。圆叶，紫花、灰色茸毛，春播生育期 149 天，夏播生育期 100 天左右。株高春播 80~90 厘米、夏播 70~80 厘米，单株有效分枝 3 个，株型结构好，抗倒性强，抗裂荚性好，适宜机械化作业。平均单株有效荚数春播 45 个。百粒重 23 克。粒椭圆形，浅脐，籽粒整齐，商品性好。蛋白质含量 46.48%，脂肪含量 17.07%，水溶性蛋白质含量 40.2%，超国家一级标准 6.2 个百分点。参加黄淮海北片夏大豆品种区域试验，平均亩产 195.4 千克，比对照品种增产 7.5%；生产试验平均亩产 170.5 千克，比对照品种增产 4.7%。

【适宜推广区域】适宜在河北、天津、北京、山东中北部、山西中南部、新疆南部、宁夏银川地区、陕西北部、甘肃中部地区种植。

8. 合农 95

【品种特点】早熟，高产，优质食用。

【特征特性】亚有限结荚习性。生育期平均 113 天，比对照品种克山 1 号早 3 天。株型收敛，株高 73.8 厘米，主茎 15 节，底荚高度 12.9 厘米，单株有效荚数 32 个，单株粒数 69 粒，单株粒重 12.5 克，百粒重 19.1 克。尖叶，紫花，灰色茸毛。籽粒圆形，种皮黄色、微光，种脐黄色。接种鉴定中感花叶病毒 1 号和花叶病毒 3 号株系。中抗灰斑病。粗蛋白质含量 41.39%，粗脂肪含量 18.76%。参加北方春大豆早熟组品种区域试验，两年平均亩产 185.4 千克，比对照品种平均增产 8.0%；生产试验平均亩产 199.0 千克，比对照品种增产 10.0%。

【适宜推广区域】适宜在黑龙江第三积温带下限和第四积温带、吉林东部山区、内蒙古呼伦贝尔东南部、新疆北部春播种植。

9. 合丰 55

【品种特点】高产，高油，抗逆性强，适应性广。

【特征特性】无限结荚习性。株高 90~95 厘米，有分枝，紫花，尖叶，灰色茸毛，荚弯镰形，成熟时呈褐色。籽粒圆形，种皮黄色，种脐黄色、有光泽，百粒重 22~25 克，蛋白质含量 39.35%，脂肪含量 22.61%。接种鉴定中抗灰斑病、抗疫霉病、抗花叶病毒 1 号株系。在适应区生育期 117 天左右，需 ≥10℃ 活动积温 2 365.8℃ 左右。黑龙江大豆品种区域试验平均亩产 168.8 千克，比对照品种平均增产 12.6%；生产试验平均亩产 171.2 千克，比对照品种增产 18.2%。

【适宜推广区域】该品种适宜在黑龙江第二积温带和第三积温带上限、吉林东部山区、内蒙古兴安中南部、新疆昌吉地区种植。

10. 华疆 2 号

【品种特点】高产，稳产，适应性强。

【特征特性】紫花尖叶，灰色茸毛，荚皮深褐色，3~4 粒荚多，百粒重 22 克左右，籽粒圆形、有光泽，秆强韧性好，株型收敛，株高 80 ~ 90 厘米，蛋白质含量 41.21%，脂肪含量 20.62%，在黑龙江第六积温带，从出苗至成熟生育期 100 天左右，需 ≥10℃活动积温 1 950℃。黑龙江大豆品种区域试验平均亩产 139.8 千克，比对照品种平均增产 39.2%；生产试验平均亩产 152.4 千克，比对照品种增产 16.3%。

【适宜推广区域】黑龙江第六积温带；内蒙古呼伦贝尔 ≥ 10℃活动积温 1 900 ~ 2 000℃地区种植。

（二）成长型品种

成长型品种是审定（登记）推广 3 年以上，在国家核心展示基地或省级展示评价中表现突出，推广面积上升快，在适宜生态区（粮棉油）或全国（重点蔬菜）推广面积进入前 30 位，有望成长为骨干型的品种。

1. 绥农 52

【品种特点】高产稳产，适应性强，大粒，低豆腥味。

【特征特性】无限结荚习性。属普通大粒型品种，在适应区生育期 120 天左右，需 ≥10℃活动积温 2 450℃左右。株高 90 厘米左右，有分枝，紫花，尖叶，灰色茸毛，荚微弯镰形，成熟时呈黄褐色。籽粒圆形，种皮黄色，种脐黄色、无光泽，百粒重 29 克左右。蛋白质含量 42.09%，脂肪含量 19.72%。中抗灰斑。田间表现为抗叶部病害，注意防治根部病害。秆强抗倒伏。缺失脂肪氧化酶 L2。黑龙江大豆品种区域试验平均亩产 220.7 千克，比对照品种增产 12.0%；生产试验平均亩产 218.9 千克，比对照品种增产 10.7%。

【适宜推广区域】适宜在黑龙江第二积温带种植。

2. 黑农 84

【品种特点】高产，优质，多抗，兼具高抗大豆花叶病毒病、抗灰斑病、耐孢囊线虫病。

【特征特性】亚有限结荚习性。株高 100 厘米左右，少分枝，紫花，尖叶，灰色茸毛，荚微弯镰形，成熟时呈褐色。种子圆形，种皮黄色，种脐黄色、有光泽，百粒重 22 克左右。蛋白质含量 40.82%，脂肪含量 19.58%。中抗灰斑病，高抗花叶病毒 1 号株系，耐孢囊线虫病。参加北方春大豆中早熟组品种区域试验，两年平均亩产 207.2 千克，比对照品种增产 5.8%；生产试验平均亩产 215.6 千克，比对照品种增产 9.8%。

【适宜推广区域】适宜在黑龙江第二积温带、吉林东部山区、内蒙古兴安盟中东部春播种植。

3. 中黄 901

【品种特点】早熟，稳产，耐密抗倒，抗病。

【特征特性】亚有限结荚习性。紫花，披针叶，灰色茸毛。株高 80 厘米，主茎 21 节，有效分枝 1 个，底荚高度 10 厘米，籽粒黄色，黄脐，百粒重 18.9 克，成熟时荚褐色，抗倒性好，田间表现抗大豆灰斑病和花叶病毒病，成熟时落叶性好，不裂荚。北方春大豆极早熟品种，内蒙古大豆极早熟组品种区域试验中平均生育期 106 天，比对照品种蒙豆 9 号早熟 1 天。黑龙江引种试验比黑河 45 晚熟 1 天。抗灰斑病，中抗花叶病毒 1 号株系。籽粒粗蛋白质含量 41.52%，粗脂肪含量 21.31%。2011 年参加大豆极早熟组区域试验，平均亩产 163.5 千克，比对照品种增产 12.1%；2012 年参加内蒙古大豆极早熟组品种区域试验，平均亩产 159.4 千克，比对照品种增产大豆 6.1%；2014 年参加极早熟组品种生产试验，平均亩产 185.1 千克，比对照品种增产 8.2%。

【适宜推广区域】适宜在内蒙古呼伦贝尔 ≥10℃ 活动积温 2 100℃ 以上地区、黑龙江第五积温带种植。

4. 蒙豆 1137

【品种特点】丰产稳产，抗倒伏，耐密植，抗灰斑病，耐疫霉根腐病，适应性广。

【特征特性】亚有限结荚习性。株高 73.2 厘米，主茎 14 节，底荚高度 15.8 厘米，单株有效荚数 26 个，单株粒数 60 粒，单株粒重 10.8 克。籽粒圆形，微光，披针叶，白花，灰色茸毛，成熟荚果褐色。种皮黄色，脐黄色，百粒重 18.9 克。粗蛋白质含量 40.77%，粗脂肪含量 19.53%。中感花叶病毒病 1 号株系，中感花叶病毒 3 号株系，抗灰斑病。北方春大豆早熟品种，生育期 119 天。参加北方春大豆早熟组品种区域试验，两年平均亩产 172.5 千克，比对照品种增产 7.40%；生产试验平均亩产 183.4 千克，比对照品种增产 9.60%。

【适宜推广区域】适宜在黑龙江第三积温带下限和第四积温带、吉林东部山区、内蒙古兴安北部和呼伦贝尔大兴安岭南麓地区、新疆北部地区春播种植。

5. 菏豆 33 号

【品种特点】高产稳产，抗病抗倒，耐盐碱，适应性广，适宜间作和机械化生产。

【特征特性】有限结荚习性。株型收敛，株高 62.7 厘米，主茎 14 节，有效分枝 1 个，底荚高度 19.2 厘米，单株有效荚数 39 个，单株粒数 81 粒，单株粒重 18.5 克，百粒重 24.3 克。卵圆叶，白花，棕色茸毛。籽粒椭圆形，种皮黄色、有光泽，种脐浅褐色。对花叶病毒 3 号株系和 7 号株系均表现为抗病，高感孢囊线虫 2 号生理小种。籽粒粗蛋白质含量 41.76%，粗脂肪含量 20.59%。黄淮海夏大豆品种，夏播生育期平均 102 天。2017 年参加黄淮海南片夏大豆品种区域试验，平均亩产 201.4 千克，比对照品种增产 14.5%；2018 年续试，平均亩产 200.5 千克，比对照品种增产 11.6%；2018 年生产试验，平均亩产 201.4 千克，比对照品种增产 12.1%。

【适宜推广区域】适宜在山东、河南东部和中南部、江苏和安徽两省淮河以北地区夏播种植。

6. 合农 85

【品种特点】高产，高油，适应性广。

【特征特性】亚有限结荚习性。株型收敛。株高 85.2 厘米，主茎 17 节，底荚高度 17.2 厘米，单株有效荚数 41 个，单株粒数 90 粒，单株粒重 17.8 克，百粒重 20.1 克。尖叶，紫花，灰色茸毛。籽粒圆形，种皮黄色、微光，种脐黄色。中抗花叶病毒1 号株系，中感花叶病毒 3 号株系，中抗灰斑病。籽粒粗蛋白质含量 39.24%，粗脂肪含量 22.17%。北方春大豆中早熟高油型品种，春播生育期平均 119 天，与对照品种合交 02-69 早熟期相当。参加北方春大豆中早熟组品种区域试验，两年平均亩产205.8 千克，比对照品种增产 9.3%；生产试验平均亩产 212.5千克，比对照品种增产 8.1%。

【适宜推广区域】适宜在黑龙江第二积温带和第三积温带上限、吉林东部山区、内蒙古兴安中南部地区春播种植。

(三) 苗头型品种

苗头型品种是审定（登记）推广在 3 年内，产量、抗性、品质均表现较好，综合性状优良，在国家核心展示基地或省级展示评价中表现优异，市场潜力较大，阵型企业或育繁推一体化企业计划主推，有望进一步成为成长型和骨干型的品种。

1. 绥农 94

【品种特点】高产，稳产，适应性广。

【特征特性】无限结荚习性。株型收敛。株高 89.7 厘米，百粒重 20 克。尖叶，紫花，灰色茸毛。籽粒圆形，种皮黄色、无光，种脐黄色。中抗花叶病毒 1 号株系，中感花叶病毒 3 号株系，中抗灰斑病。籽粒粗蛋白质含量 37.26%，粗脂肪含量 21.38%。普通型，中早熟春大豆品种，春播生育期平均 120 天。黑龙江大豆品种区域试验平均亩产 197.1 千克，比对照品种增产 6.6%；生产试验平均亩产 167.2 千克，比对照品种增产 6.9%。

【适宜推广区域】适宜在黑龙江第二积温带和第三积温带上限、吉林东部山区、内蒙古兴安中南部、新疆昌吉地区春播种植。

2. 郑 1307

【品种特点】高产，多次测产超过 300 千克，最高达 368.3 千克。

【特征特性】有限结荚习性。株型收敛。株高 75.9 厘米，主茎 18 节，有效分枝 1 个。底荚高度 18.4 厘米，单株有效荚数 58 个，单株粒数 110 粒，百粒重 18.2 克。卵圆叶，紫花，灰色茸毛。籽粒圆形，种皮黄色、有光泽，种脐褐色。中抗花叶病毒 3 号株系，抗花叶病毒 7 号株系，高感孢囊线虫 2 号生理小种。籽粒粗蛋白质含量 42.22%，粗脂肪含量 19.46%。黄淮海南片夏大豆品种，夏播生育期 102 天，比对照品种晚熟 7 天。参加黄淮海夏大豆品种区域试验，两年平均亩产 204.1 千克，比对照品种增产 14.8%；生产试验平均亩产 209.7 千克，比对照品种增产 16.2%。

【适宜推广区域】适宜在山东南部、河南全省、江苏和安徽两省淮河以北地区夏播种植。

(四) 特专型品种

特专型品种是新近审定（登记）、符合多元化市场消费需求、能显著提高土、肥、光、温等资源利用率的特色、专用型优良新品种，或在产量、抗性、品质、生育期、适宜机械化、适宜新型农作制度（如再生稻、带状复合种植）等方面有突破和质的提升的品种。

1. 邯豆 13

【品种特点】 具有高产、抗倒伏、耐密、耐阴特点，适合大豆玉米带状复合种植。

【特征特性】 有限结荚习性。株型收敛。株高 66.2 厘米，主茎 14 节，有效分枝 14 个，底荚高度 12.5 厘米，单株有效荚数 38 个，单株粒数 84 粒，单株粒重 18.2 克，百粒重 22.5 克。卵圆叶，紫花，灰色茸毛。籽粒椭圆形，种皮黄色、微光，种脐褐色。抗花叶病毒 3 号株系和 7 号株系，高感孢囊线虫 2 号生理小种。籽粒粗蛋白质含量 39.09%，粗脂肪含量 21.14%。黄淮海夏大豆品种，生育期平均 107 天。参加黄淮海中片夏大豆品种区域试验，两年平均亩产 209.6 千克，比对照品种增产 11.8%；生产试验平均亩产 216.8 千克，比对照品种增产 4.6%。

【适宜推广区域】 适宜在河北中南部、山东中部、河南北部和中部、山西南部、陕西关中地区夏播种植。

2. 徐豆 18

【品种特点】 丰产性好，适应性广，抗病耐盐，耐阴，适合大豆玉米带状复合种植。

【特征特性】 有限结荚习性。卵圆叶，白花，灰色茸毛。株高 70 厘米左右，百粒重 22 克左右。籽粒椭圆形，种皮黄色、微光，种脐褐色。抗大豆花叶病毒 SC3 株系和 SC7 株系。耐盐性好，并且在滨海盐碱地区东台市现场实收最高亩产达 287.2 千克。适合带状复合种植，四川农业大学大豆玉米带状复合种植试验显示，其表现出较好的耐阴性，在 2022 年实际应用中多地测产达 130 千克以上。参加黄淮海南片夏大豆品种区域试验，两

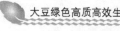

年平均亩产 181.7 千克，比对照品种平均增产 6.5%；生产试验平均亩产 170.6 千克，比对照品种增产 6.7%。

【适宜推广区域】适宜在江苏、湖北、安徽、山东南部、河南东南部夏播种植。

3. 南夏豆 25

【品种特点】早熟性好，稳产性好，品质优，耐阴抗倒，适合大豆玉米带状复合种植。

【特征特性】植株直立，株型收敛。叶卵圆形，落叶性好。棕色茸毛，白花，有限结荚习性，不裂荚。粒椭圆形，种皮黄色，种脐褐色，百粒重 24.9 克。粗蛋白质含量 49.1%~50.1%。中抗大豆花叶病毒 SC3、SC15、SC18 株系，抗大豆花叶病毒 SC7 株系。耐阴性好，抗倒力强，适宜与玉米、幼林间套作及净作种植。该品种夏播生育期 125~130 天，比对照品种早熟 10 天以上，早熟性好。参加四川省夏大豆品种区域试验，平均亩产 102.9 千克，比对照品种增产 4.7%；生产试验平均亩产 123.2 千克，比对照品种增产 21.2%。

【适宜推广区域】适宜在四川和重庆平坝、丘陵及低山区（海拔 800 米以下）夏播种植以及类似生态区域种植。

4. 冀豆 17

【品种特点】高产优质，多抗广适，耐密抗倒，适合大豆玉米带状复合种植。

【特征特性】亚有限结荚习性。叶椭圆形，白花，棕色茸毛。株高 100 厘米，底荚高 20 厘米，分枝 3 个，单株荚数 53 个，荚熟褐色。粒圆形，种皮黄色、有光泽，种脐黑色，百粒重 19 克。该品种株型结构好，根系发达，抗旱耐涝，强抗倒伏。抗病、耐逆性突出，适宜机械化作业。抗大豆花叶病毒 3 个流行株系。蛋白质含量 38%，脂肪含量 22.98%。黄淮海夏大豆区种植为中熟品种，春播区为中早熟品种。夏播生育期109天，6月中下旬播种，10月上旬成熟。2004年参加黄淮海中片夏大豆品种区域试验，平均亩产185.8千克，比对照品种增产6.7%；2005年续试，平均亩产203.3千克，比对照品种增产8.0%；2005年生产试验，平均亩产198.2千克，比对照品种增产5.4%。

【适宜推广区域】适宜在河北春播和夏播种植；山东、河南、陕西关中平原、江苏和安徽两省淮河以北地区夏播种植；宁夏中北部，陕西北部、渭南，山西中部、东南部，甘肃陇东地区春播种植。

第二节 大豆种子处理技术

在大豆播前，种子处理主要有3种方式：晒种、拌种和种子包衣。

一、晒种

晒种是提高发芽率及种子生活力的一项有效措施。首先除去破损粒、虫口粒、杂物等，然后进行晒种，播种前需要晒2~3天。晒种切忌在水泥地上暴晒，晾晒时要薄铺勤翻，防止中午强烈的日光暴晒，造成种皮破裂。晾晒后将种子摊开散热降温，再装入袋中备用。

二、拌种

一般播种前不需要进行药剂拌种，除非有些地块地下害虫严重或缺乏某种营养元素。常用的拌种方法有根瘤菌拌种、微肥拌种和稀土拌种3种。

（一）根瘤菌拌种

根瘤菌剂是工厂生产的细菌肥料，包装上注明有效期和使用说明。大豆根瘤菌剂使用方法简单，不污染环境。每亩用根瘤菌剂 250 克拌种。测定证明，用根瘤菌拌种的土壤比不拌种的土壤每亩可增加纯氮 1 千克，相当于标准化肥硫酸铵 5 千克。使用前应存放在阴凉处，不能暴晒于阳光下，以防根瘤菌被阳光杀死。拌种方法：将根瘤菌剂稀释在约为种子重量 20％的清水中，然后洒在种子表面，并充分搅拌，让根瘤菌剂粘在所有的种子表面。拌完后尽快（24 小时内）将种子播入湿土中。播完后立即盖土，切忌阳光暴晒。已拌根瘤菌剂的种子最好在当天播完，超过 48 小时应重新拌种，已开封使用的根瘤菌剂也应在当天用完。种子拌根瘤菌剂后不能再拌杀虫剂等化学农药，如果种子需要消毒，应在根瘤菌剂拌种前 2~3 天进行，防止农药将活菌杀死。

（二）微肥拌种

经过测土证明缺微量元素的土壤，或用对比试验证明施用微肥有效果的土壤，在大豆播种前可以用微肥拌种。但生产 AA 级绿色食品大豆时不宜采用微肥拌种。

1. 钼酸铵拌种

每亩用钼酸铵 2 克，种子 5 千克。先将钼酸铵磨细，放在容器内加少量热水溶化，加水 0.13 千克（注意：水多易造成豆种脱皮），用喷雾器喷在大豆种子上，阴干后播种。注意拌种后不要晒种，以免种子破裂，影响种子发芽。如种子需要药剂处理，待拌钼肥的种子阴干后，再进行其他药剂拌种。

2. 硼砂拌种

在缺硼的地块上，用硼砂拌种具有很好的增产效果。每亩用硼砂 8~10 克，于大豆播种前，用 0.5％硼砂溶液拌种，液种比为 1：6，种子阴干后播种。

3. 硫酸锌拌种

在缺锌地区用硫酸锌拌种有显著的增产作用。每千克豆种用硫酸锌 4~6 克，将硫酸锌溶于水中，用液量为种子重的 1%，均匀洒在豆种上，混拌均匀。

4. 硫酸锰拌种

石灰性土壤往往缺锰，可用 0.1%~0.2% 的硫酸锰溶液均匀拌种，阴干后播种。

微肥拌种和种子包衣同时应用时，应先微肥拌种，阴干后再进行种子包衣。

（三）稀土拌种

稀土是一种微量元素肥料。镧系元素和与其性质极为接近的钪、钇共 17 种元素，统称稀土元素。农业上施用稀土不仅能供给农作物微量元素，还能促进作物根系发育，提高作物对氮、磷、钾的吸收，提高光能利用率，从而提高产量。用稀土拌大豆种，能促进大豆根系生长，提高光合速率，平均增产 8.1%。

拌种方法简便易行，具体方法：用稀土 25 克加水 250 克，拌大豆种子 15 千克。

此外，用稀土在苗期喷洒叶面进行追肥也有很好的效果。稀土可与多种化学除草剂、杀菌剂和杀虫剂混合施用，无拮抗现象。我国稀土资源丰富，容易取得，在农业上有广泛使用的前景。

三、种子包衣

（一）什么是种衣剂

种衣剂是由农药原药（杀虫剂、杀菌剂等）、肥料、生长调节剂、成膜剂及配套助剂经特定工艺流程加工制成的，可直接或经稀释后包覆于种子表面，形成具有一定强度和通透性的保护膜的农药制剂。种衣剂在种子播入土壤后，几乎不被溶解，在种子周围形成防治病虫害的保护屏障，并缓慢释放，被内吸传输到地上部位，继续起防治病虫害的作用。种衣剂内的微肥和激素则起肥料和刺激根系生长的作用。种衣剂药效在土壤中可持续 45～60 天。

（二）种子包衣的作用

1. 有效防治大豆苗期病虫害

可防治第一代大豆孢囊线虫、根腐病、根潜蝇、蚜虫、二条叶甲等，因此能够缓解大豆重茬、迎茬减产现象。

2. 促进大豆幼苗生长

由于微量元素营养不足，幼苗，特别是重茬、迎茬大豆幼苗，生长缓慢、叶片小。种衣剂包衣能及时补给一些微肥，特别是它所包含的一些外源激素，能促进幼苗生长，使幼苗油绿不发黄。

3. 增产效果显著

大豆种子包衣可提高保苗率，减轻苗期病虫害，促进幼苗生长，因此能显著增产。

（三）大豆包衣种子的质量要求

由于大豆是子叶出土作物，种子萌发时，子叶要从土下伸出地面。种衣剂浓度过高或包衣质量不好，容易造成出苗不好或出苗后因种皮不能脱落，致使子叶无法张开。因此，包衣种子质量要求达到表 2-1 所列的标准。

表 2-1　大豆包衣种子质量要求

作物	包衣合格率/%	脱落率/%	破碎率增值/%	皱皮（有、无）
大豆	≥95	≤1.0	≤0.2	无

（四）种子包衣方法

种子经销部门一般使用种子包衣机械统一进行包衣，供给包衣种子。如果买不到包衣种子，农户也可购买种衣剂进行人工包衣。方法：用装肥料的塑料袋，装入 20 千克大豆种子，同时加入 300~350 毫升大豆种衣剂，扎好口后迅速滚动袋子，使每粒种子都包上一层种衣剂，装袋备用。

（五）种子包衣注意事项

1. 种衣剂的选型

要注意有无沉淀物和结块。包衣处理后种子表面光滑，容易流动。

2. 正确掌握用药量

用药量大，不仅浪费药剂，而且容易产生药害，用药量少又会降低效果。因此，要依照厂家说明书规定的量（药种比例）使用。

3. 用前充分摇匀

使用种衣剂处理的种子不应再使用其他药剂、化肥等混种，不可兑水。

4. 做好防护

种衣剂具有一定的毒性，使用时应穿戴好劳动保护服。注意防止农药中毒（包括家禽），注意不与皮肤直接接触，如发生头晕恶心现象，应立即远离现场，重者应马上送医院抢救。

第三节　大豆整地与施基肥

一、整地

大豆是深根系作物，并有根瘤菌共生。要求耕层有机质丰

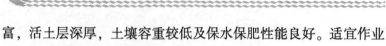
富，活土层深厚，土壤容重较低及保水保肥性能良好。适宜作业的土壤含水量为15%～25%。

（一）实行保护性耕作地区

实行保护性耕作的地块，田间秸秆（经联合收割机粉碎）覆盖状况或地表平整度影响免耕播种作业质量，应进行秸秆匀撒处理或地表平整，保证播种质量。可应用联合整地机、齿杆式深松机或全方位深松机等进行深松整地作业。提倡以间隔深松为特征的深松耕法，构造"虚实并存"的耕层结构。间隔3～4年深松整地1次，以打破犁底层为目的，深度一般为35～40厘米，稳定性≥80%，土壤膨松度≥40%，深松后应及时合墒，必要时镇压。对于田间水分较大、不宜实行保护性耕作的地区，需进行耕翻整地。

（二）东北地区

对上茬作物（玉米、高粱等）根茬较硬，没有实行保护性耕作的地区，提倡采取以深松为主的松旋翻耙，深浅交替整地方法。可采用螺旋型犁、熟地型犁、复式犁、心土混层犁、联合整地机、齿杆式深松机或全方位深松机等进行整地作业。

1. 深松

间隔3～4年深松整地1次，深松后应及时合墒，必要时镇压。

2. 整地

平播大豆尽量进行秋整地，深度20～25厘米，翻、耙、耢结合，无大土块和暗坷垃，达到播种状态；无法进行秋整地而进行春整地时，应在土壤"返浆"前进行，深度以15厘米为宜，做到翻、耙、耢、压连续作业，达到平播密植或带状栽培要求状态。

3. 垄作

整地与起垄应连续作业，垄向要直，100米垄长直线度误差不大于 2.5 厘米（带 GPS 作业）或 100 米垄长直线度误差不大于 5 厘米（无 GPS 作业）；垄体宽度按农艺要求形成标准垄形，垄距误差不超过 2 厘米；起垄工作幅误差不超过 5 厘米，垄体一致，深度均匀，各铧入土深度误差不超过 2 厘米；垄高一致，垄体压实后，垄高不小于 16 厘米（大垄高不小于 20 厘米），各垄高度误差应不超过 2 厘米；垄形整齐，不起垡块，无凹心垄，原垄深松起垄时应包严残茬和肥料；地头整齐，垄到地边，地头误差小于 10 厘米。

（三）黄淮海地区

前茬一般为冬小麦，具备较好的整地基础。在没有实行保护性耕作的地区，一般先撒施底肥，随即用圆盘耙灭茬 2~3 遍，耙深 15~20 厘米，然后用轻型钉齿耙浅耙 1 遍，耙细耙平，保障播种质量。

二、施基肥

基肥是指在秋翻或播种前进行的施肥。基肥多以农家肥为主，以化学肥料为辅，重施基肥、增施农家肥作基肥，是保证大豆高产稳产的重要条件。

（一）大豆需肥特点

1. 大豆对氮肥的吸收

大豆除了吸收利用根瘤菌固定的生物氮外，还需从土壤中吸收铵态氮和硝态氮等无机氮。生物氮与无机氮对大豆生长所起的作用不同，难以相互替代。生物氮促进大豆均衡的营养生长和生殖生长，无机氮则以促进营养生长为主。因此，必须根据大豆各生长发育时期对氮的吸收特点及固氮性能变化，合理施用无机氮肥。生育早期，大豆幼苗对土壤中的氮素吸收较少，根瘤菌固氮量低。开花期，大豆对氮的吸收达到高峰，且由开花到结荚鼓粒期，根瘤菌固氮量亦达到高峰，因此，该期所需大量氮素主要由生物氮提供。以后，根瘤菌固氮能力逐渐下降。种子发育期，大量氮素不断从植株的其他部分积累到种子内，需吸收大量氮素，而此时，根瘤菌固氮能力已衰退，就需从土壤中吸收氮素或叶面施氮予以补充。

2. 大豆对磷肥的吸收

大豆各生长发育时期对磷的吸收量不同。从出苗到始花期，磷吸收量占总吸收量的15%左右；开花至结荚期占65%；结荚至鼓粒期占20%左右；鼓粒至成熟对磷吸收很少。大豆生育前期，吸磷不多，但对磷敏感。此期缺磷，营养生长受到抑制，植株矮化，生殖生长延迟，开花期花量减少，即使后期得到磷补给，也很难恢复，直接影响产量。磷对大豆根瘤菌的共生固氮作用十分重要，施氮配合施磷能达到以磷促氮的效果。磷肥可促进根系生长，增加根瘤，增强固氮能力，协调施氮促进苗期生长与抑制根瘤生长间的矛盾。不仅在幼苗期施磷有以磷促氮的作用，在花期，磷、氮配合施用也可以磷来促进根瘤菌固氮，增加花量。既能促进营养生长，又有利于生殖生长，以磷的增花、氮的增粒来共同达到加速花、荚、粒的协调发育。施用磷肥时应注意考虑以下3个方面：一是保证苗期磷素供应，尽量用作基肥或种肥；二是开花到结荚期吸收量大增，可适量追施；三是施磷与施氮配合，根据土壤中氮、磷的原有状况，一般采用氮磷比为1∶2、1∶2.5或1∶3等。

3. 大豆对钾、钙的吸收

大豆植株含钾量很高。大豆对钾的吸收主要在幼苗期至开花结荚期，生长后期植株茎叶的钾则迅速向荚、粒中转移。钾在大豆的幼苗期可加速营养生长。苗期，大豆吸钾量多于氮、磷量；开花结荚期吸钾速度加快，结荚后期达到顶峰；鼓粒期吸收速度降低。钙在大豆植株中含量较多，是常量元素和灰分元素。钙主要存在于老龄叶片之中。但是过多的钙会影响钾和镁的吸收比例。在酸性土壤中，钙可调节土壤酸碱度，有利于大豆生长和根瘤菌的繁殖。

4. 大豆对微量元素的吸收

大豆的微量元素主要有钼、硼、锌、锰、铁、铜等。虽然这些元素在植株体内含量较少，但当缺乏某种微量元素时，生长发育就会受抑制，导致减产和品质下降，严重的甚至绝收。因此，只有合理施用微量元素才能达到提高产量、改善品质的目的。大豆对钼的需要量是其他作物的 100 倍。钼是大豆根瘤菌固氮酶不可缺少的元素。施钼能促进大豆种子萌发，提前开花、结荚和成熟，提高产量因素（荚数、荚粒数、粒重）和品质，一般可增产 5%～10%。

（二）基肥的种类和作用

基肥主要以有机肥（农家肥）为主，适当配合化学肥料。作为基肥施用的有机肥种类很多，如厩肥、堆肥、腐熟草炭、绿肥、土杂肥等。有机肥是完全肥料，它不但含有氮、磷、钾三要素，同时还含有钙、镁、硫和各种微量元素，以及刺激植物生长的一些特殊物质如胡敏酸、维生素、生长素和抗生素等。因此，施用有机肥作基肥，可以为大豆生长发育提供各种营养元素。有机肥还具有种类多、来源广、数量足、成本低、肥效长等特点。在有机肥料中，以猪粪对大豆的增产效果最好，其次是堆肥，土杂肥的效果较差。

（三）基肥的施用量

基肥的使用量取决于肥料种类、土壤肥力水平、大豆的需肥特性和肥料数量的可能性。由于各地生产条件不同，很难确定出一个统一的施肥量。一般肥力中等或低下的地块，每亩施腐熟有机肥 1 000 ~ 1 500 千克，肥力较高的地块，每亩施 500 ~ 1 000 千克，并与下列化肥配方之一充分混拌后施用。

①磷酸二铵 8 ~ 10 千克加硫酸钾 10 ~ 12 千克或氯化钾 8 ~ 10 千克。

②尿素 3.5 ~ 4.0 千克、重过磷酸钙 8 ~ 10 千克加硫酸钾 10 ~ 12 千克或氯化钾 8 ~ 10 千克。

③硫酸铵 7 ~ 8 千克、过磷酸钙 25 ~ 30 千克加硫酸钾 10 ~ 12 千克或氯化钾 8 ~ 10 千克。

瘠薄地和前作耗肥大、施肥量少的地块要注意多施粪肥。如果来不及施用大量有机肥，也可用饼肥和少量氮肥作基肥，每亩用饼肥 35 ~ 40 千克、磷肥 20 ~ 25 千克、尿素 1.5 ~ 3.5 千克。另外要根据需要在基肥中施用硼、锰、锌等微量元素肥料。

（四）基肥的施用方法

大豆施用基肥的方法因耕地和整地的方法不同而异，一般可分为耕地施肥、耙地施肥和条施基肥 3 种。

1. 耕地施肥

在翻地或犁地前，把有机肥均匀撒于地表，通过耕地将肥翻入耕层，并使之与土壤混合。深施基肥，对保障大豆生育后期特别是结荚鼓粒期的养分供应起很大作用。这种施肥方法在东北地区普遍采用，其他地区也有采用此法进行基肥施用的。耕地施肥的优点是肥料翻入土层的部位，恰好位于大豆根系密集区，便于大豆在各个生育时期吸收利用，同时也为大豆创造了疏松而深厚的耕层，施肥的深度随耕地的深度而定，一般深度为 15 ~ 20 厘米。

2. 耙地施肥

先把有机肥均匀地撒于地表，通过圆盘耙细致耙地，把有机肥耙入 10 厘米以内的土层中，与土壤充分混合。这种施肥方法适宜在夏大豆、秋大豆产区，由于复种指数较高，在种大豆前，一般不耕翻地而采用耙地施肥。另外在东北地区的秋耕地，一般采用耙地施肥。耙地的机具以圆盘耙或灭茬耙效果较好，耙地的方法可以采用纵横交叉耙法，做到细致耙地，土肥混合均匀。

3. 条施基肥

把少量的有机肥料集中施在播种沟下面，使大豆根系能充分地吸收利用养分，既能保证幼苗生长良好，也能在大豆后期生育中陆续供给大量需要的养分。这种施肥法的优点是肥料集中、肥效较高。

（五）注意事项

①肥料要撒施均匀，不积堆。

②耕翻和耙地的深度要保持一致，使肥料和土壤能互相混合均匀。

③要根据播种当时的土壤水分情况进行施肥，特别是在易受干旱威胁的地区，更应做到因地、因时制宜。

第四节　大豆播种方法

一、大豆播种期

晚春播种的大豆为春大豆，小麦收获后播种的大豆为夏大豆。播种期对大豆的产量和品质影响很大。适时播种，保苗率高，出苗整齐、健壮，生育良好，茎秆粗壮。大豆要获得高产，保苗很关键，在适宜的播种期播种对保全苗是十分必要的。在大豆种植面积较少的地区，不少农户不重视大豆生产，大豆播种期过早或过晚，造成大豆既不高产也不稳定。大豆播种太早，容易受低温冷害的影响，种子易腐烂而缺苗断条；播种过晚，出苗虽快，但植株营养生长期太短，干物质积累少，苗不健壮，如遇墒情不好，还会出苗不齐，最终导致减产。

地温与土壤水分是决定春大豆适宜播种期的两个主要因素。一般认为，北方春大豆区，土壤 5 ~ 10 厘米深的土层内，日平均地温 8 ~ 10℃，土壤含水量为 20% 左右时，播种较为适宜。因此，东北地区大豆适宜播种期在 4 月下旬至 5 月中旬，其北部 5 月上旬播种，中、南部 4 月下旬至 5 月中旬播种；北部高原地区 4 月下旬至 5 月中旬播种，其东部 5 月上中旬播种，西部 4 月下旬至 5 月中旬播种；西北地区 4 月中旬至 5 月中旬播种，其北部 4 月中旬至 5 月上旬播种，南部 4 月下旬至 5 月中旬播种。

黄淮海区和南方区大豆种植区，大豆的播期受后茬和后期低温的制约。黄淮海区夏大豆 6 月中下旬播种。南方区，长江亚区夏大豆 5 月下旬至 6 月上旬播种，春大豆 4 月上旬至 5 月上旬播种；东南亚区，春大豆 3 月下旬至 4 月上旬播种，夏大豆 5 月下旬至 6 月上旬播种，秋大豆 7 月至 8 月上旬播种；中南亚区，春大豆 3 月下旬至 4 月上旬播种，夏大豆 6 月上中旬播种，秋大豆 7 月中旬至 8 月上旬播种；西南亚区，春大豆 4 月播种，夏大豆 5 月上中旬播种；华南亚区，春大豆 2 月下旬至 3 月上旬播种，夏大豆 5 月下旬至 6 月上旬播种，秋大豆 7 月播种，冬大豆 12 月下旬至翌年 1 月上旬播种。

夏播和秋播大豆由于生长季节较短，适期早播很重要。另外，播种期也可根据品种生育期类型、地块的地势等加以适当调整。晚熟品种可早播，中、早熟品种可适当后播。早熟品种春播，地温、地势高的，可早些播种，土壤墒情好的地块可晚些播种，岗平地可以早些播种。

二、大豆种植密度

种植密度与产量有密切关系。所谓合理密植是指在当地、当时的具体条件下，正确处理好个体和群体的关系，使群体得到最大限度的发展，个体也得到充分发育；使单位面积上的光能和地力得到充分利用；在同样的栽培条件下，能获得最好的经济效益。因此，适宜的密度不是一成不变的，不能简单地讲"肥地宜稀，瘦地宜密"。由于豆科作物对自然条件的要求不一样，合理密植受多种因素的影响。

(一) 影响种植密度的因素

1. 土壤肥力

土壤肥力充足，植株生长繁茂，植株高大，分枝多。如果密度过大，则封垄过早，郁闭严重。株间通风透光不良，容易引起徒长倒伏、花荚脱落，最后导致减产。土壤瘠薄，植株发育受影响，个体小，分枝少，应加大密度，以充分利用地力和光能，达到增产的目的，即"肥地应稀，瘦地宜密"。

2. 品种与播期

品种的繁茂程度，如株高、分枝数、叶片面积等与密度的关系密切。凡植株高大、生长繁茂、分枝多、晚熟的品种，种植密度要小些；植株矮小、分枝少、早熟的品种，种植密度要大些。播种期早，种植密度应当减小，播种期延迟，种植密度应加大。

3. 气候条件

高纬度、高海拔地区，气温低，植株生长量小，密度应大些。

4. 品种类型、种植季节

一般夏大豆生育期较长，植株高大，种植密度宜稀；春大豆生育期较短，秋大豆生育期最短，植株也较矮小，宜适当密植。

5. 栽培方式

采用机械化栽培管理时，栽培密度与用人工、畜力管理的不一样。加大播种密度可以显著提高底荚高度，分枝少，便于用机械收割。采用窄行播法时，可以稍加大密度。大豆玉米间作时，大豆密度要稀些。种植密度是确定大豆播种量的主要因子，同时也要考虑种子发芽率和百粒重等。通常田间损失率按 7%～10% 计算。

（二）不同地区的参考密度

1. 北方春大豆的种植密度

在肥沃土地，种植分枝性强的品种，亩保苗 0.8 万～1.0 万株。在瘠薄土地，种植分枝性弱的品种，亩保苗 1.6 万～2.0 万株。高纬度高寒地区，种植早熟品种，亩保苗 2 万～3 万株。在种植大豆的极北限地区，选择极早熟品种，宜保苗 3 万～4 万株。

2. 黄淮平原和长江流域夏大豆的种植密度

一般每亩 1.5 万～3.0 万株。平坦肥沃、有灌溉条件的土地，亩保苗 1.2 万～1.8 万株。肥力中等及肥力一般的地块，亩保苗 2.2 万～3.0 万株。

（三）注意事项

合理密植的基础是苗全苗匀；合理密植必须与良种良法相结合；加强间田间管理是充分发挥合理密植增产作用的关键。

三、常见播种方法

目前在生产上应用的大豆播种方法主要包括窄行密植播种法、等距穴播法、60 厘米双条播、精量点播法、原垄播种、耧播、麦地套种、板茬种豆等。

（一）窄行密植播种法

缩垄增行、窄行密植，是国内外都在积极采用的栽培方法。

改 60～70 厘米宽行距为 40～50 厘米窄行密植，一般可增产 10%～20%。从播种、中耕管理到收获，均采用机械化作业。机械耕翻地，土壤墒情较好，出苗整齐、均匀。窄行密植后，合理布置了群体，充分利用了光能和地力，并能够有效地抑制杂草生长。

（二）等距穴播法

等距穴播法提高了播种工效和质量。出苗后，株距适宜，植株分布合理，个体生长均衡。群体均衡发展，结荚密，一般产量较条播增产 10%左右。

（三）60 厘米双条播

在深翻细整地或耙茬细整地基础上，采用机械平播，播后结合中耕起垄。优点：能抢时间播种，种子直接落在湿土里，播深一致，种子分布均匀，出苗整齐，缺苗断垄少。机播后起垄，土壤疏松，加上精细管理，故杂草也少。

（四）精量点播法

在秋翻耙地或秋翻起垄的基础上刨净茬子，在原垄上用精量点播机或改良耙单粒、双粒平播或垄上点播，能做到下籽均匀，播深适宜，保墒、保苗，还可集中施肥，不需间苗。

（五）原垄播种

为防止土壤跑墒，采取原垄茬上播种。这种播法具有抗旱、保墒、保苗的重要作用，还有提高地温、消灭杂草、利用前茬肥和降低作业成本的好处，多在干旱情况下应用。

（六）耧播

黄淮海流域夏大豆地区，常采用此法播种。一般在小麦收割后抓紧整地，耕深 15～16 厘米，耕后耙平耱实，抢墒播种。在劳力紧张、土壤干旱情况下，一般采取边收麦、边耙边灭茬，随即播种。播后再耙耱 1 次，达到土壤细碎平整，以利于出苗。

（七）麦地套种

夏大豆地区，多在小麦成熟收割前，于麦行里套种大豆。一般5月中下旬套种，用耧式镐头开沟，种子播于麦行间，随即覆土镇压。

（八）板茬种豆

湖南、广西、福建、浙江等南方地区种植的秋大豆多采用此法。一般在7月下旬至8月上旬播种。适时早播为佳，在早稻或中稻收获前，即先排水露田，但不能排得过干，水稻收后在原茬行上穴播种豆。一般每亩1万株左右，每穴2~3株，播完后第二天再慢灌催芽，浸泡5~6小时，再将水排干。

第三章　大豆田间管理技术

第一节　大豆水肥管理技术

一、大豆水分管理技术

（一）大豆灌溉的原则

根据大豆整个生育过程的需水特点，结合苗情、墒情、天气等具体情况，采取相应措施进行合理灌溉，才能收到良好灌溉效果。

1. 根据生长发育时期灌溉

大豆不同生长发育时期需水不同，苗期需水较少，应适当干旱，不灌溉或少灌溉。开花期、结荚期、鼓粒期需水较多，干旱对产量影响较大，遇旱时应及时灌溉。

2. 根据大豆长势灌溉

大豆植株生长状态是判断需水情况的重要指标。大豆植株生长缓慢，叶片老绿，中午有萎蔫现象，即为大豆缺水表现，应及时灌溉。据测定，当大豆植株体内含水量为69%~75%时，为正常生育状态；当含水量降低到65%~67%时，呈萎蔫状态；当含水量降低到59%~64%时，植株凋萎，开花数减少，落花明显增加。

3. 根据土壤墒情灌溉

土壤含水量是确定灌溉要求的可靠依据。在一般土壤条件下，大豆各生育时期的土壤适宜含水量：幼苗期20%左右，分枝期23%左右，开花结荚期30%左右，鼓粒期25%~30%。当土壤含水量低于适宜含水量时，大豆就有受害的可能，应进行灌溉。

4. 根据天气情况灌溉

根据天气情况和天气预报确定灌溉，久晴无雨速灌水，将要下雨不灌溉，晴雨不定早灌溉。气温高，空气湿度低，蒸发量大，土壤水分不足，应及时灌溉，即使土壤水分勉强够用，但由于空气干燥也应适时灌溉。

5. 根据土质和地势灌溉

土质、地势不同，灌溉次数、灌溉量也应有所区别。砂土蓄水保肥差，大豆易受干旱影响，应轻灌、勤灌。黏土蓄水力较强，水分容易蒸发，灌溉量要适当大些。土壤结构良好，有机质含量高，保水力强，灌溉次数和灌溉量不可过多。

(二) 大豆灌溉的方式

大豆灌溉方式由种植方式、田间灌排设施及气候条件等决定。无论采用何种方式，都应力求做到大豆田受水均匀、地表水不流失、深层水不渗漏、土壤不板结。主要方式有沟灌、畦灌、喷灌和滴灌。

1. 沟灌

沟灌是目前应用较多的一种灌溉方式，垄作地区普遍采用沟灌。它受地形限制小，水从垄沟渗入土壤，不接触垄上表土，可防止板结，有利于改善群体内的水、气、热等生态环境。沟灌又可以分为逐沟灌、隔沟灌、轮沟灌和细流沟灌等。采用隔沟灌溉，可节约用水，加快灌溉速度。干旱严重地块，应逐沟灌溉。为灌溉均匀，避免土壤冲刷，沟灌时一般采用分段进行，分段距离根据地势而定，10°以下坡地，以每段50~60米为宜。

2. 畦灌

畦灌适宜于地面平整、畦面长宽适宜的田块，在南方，夏、秋大豆区常用畦灌。畦灌具有灌溉快，省水，灌溉量易于控制，不会造成土壤冲刷、肥料流失等优点。但受地形影响大，土地不平时，灌溉不均匀，水从表土渗入，易造成土壤板结。因此，畦灌水流不宜过急，应逐渐漫灌。由于畦灌易造成土壤板结，故畦灌过后待土壤水分降到田间持水量85%以后，应进行浅中耕松土，破除板结，保蓄水分。

3. 喷灌

利用喷灌机械将水喷洒到地面的灌溉方式为喷灌，它可提高灌溉效率。喷灌不受地形限制，减少沟渠设施，可充分利用土地，灵活掌握用水量，节约用水，对地温影响小，土壤不产生裂缝，不会造成土壤板结，还可以结合灌溉喷施叶面肥或农药，促使大豆植株生长发育好、生理活性强、干物质积累多、增花增荚、粒多粒重。虽然前期一次性投资较大，但可以节省水资源，提高劳动效率。不过，土壤干旱严重时，喷灌对迅速解决干旱的效果低于沟灌和畦灌。

4. 滴灌

利用埋入土中的低压管道和铺设于行间的滴灌带把水或溶有某些肥料的溶液，经过滴头以点滴方式缓慢而均匀地滴在作物根际土壤中，使根际土壤保持潮湿，目前这种方式多用于果树、蔬菜，但在新疆大豆、棉花等作物上也已大面积应用，收到良好效果。滴灌不同于喷水或沟渠流水，它只让水慢慢滴出，并在重力和毛细管的作用下进入土壤。滴灌能根据作物需要和降水情况，调控土壤湿度，既有利于作物良好生长，获得高产，又能节省水资源，今后将会较快发展。缺点是造价较高，由于杂质、矿物质沉淀会使毛管滴头堵塞，滴灌的均匀度也不易保证。

二、大豆施肥管理技术

（一）大豆追肥

大豆的需肥规律表明，大豆从花芽分化到始花期是营养生长和生殖生长并进时期，也是大豆植株需要大量营养的时期。在高产栽培条件下，仅靠原来的土壤肥力和已施用的基肥和种肥，往往不能满足要求。实践证明，在大豆的分枝期到始花期进行 1 次追肥，有明显的增产效果。特别是土壤肥力低、大豆前期长势瘦弱、封不上垄的地块，根部追肥效果更显著。但在土壤比较肥沃，或施基肥、种肥较多的情况下，大豆植株生长健壮、比较繁茂时，就不宜进行根部追肥，更不宜追施氮肥，否则，将造成徒长倒伏而减产。

1. 追肥种类

大豆追肥以硫酸铵、碳酸铵、尿素等氮肥为主，同时配合磷、钾肥。

2. 追肥方法

（1）苗期追肥　春大豆幼苗期以根系发育为主，在施用基肥和种肥后，一般不必追施苗肥。但若大豆田地力贫瘠，未施基肥和种肥，幼苗叶片小，叶色淡而无光，生长细弱，每亩可追施过磷酸钙 10～15 千克、硫酸铵 10 千克左右，对促进幼苗生长健壮和花芽分化有良好的作用。若地力中等，播前未施肥料，幼苗生长偏弱，也可酌情隔行轻施肥。若地力肥沃，幼苗健壮，苗期不可追肥，以免引起徒长，导致减产。

（2）花期追肥　花期追肥是大豆生产中的一个重要环节。追肥时间以始花期或分枝期效果较好。这个时期的养分供给直接影响分枝与花芽的分化，所以植株瘦弱地块要适量追施适宜的化肥以保证大豆的分枝数和花数。追肥数量一般每亩追施硫酸铵

5~10千克或尿素2.5~5.0千克、磷酸二铵5.0~7.5千克或过磷酸钙7.5~10.0千克。这次追肥一般结合中耕除草，即除草后在垄侧开沟（距大豆植株5~10厘米）将肥料施入，然后中耕培土，将肥料盖上。追肥不宜乱撒乱扬，否则既浪费肥料，又容易烧伤豆叶。

（3）叶面施肥 大豆在盛花期前后也可采用叶面喷施的方法追肥。这个时期是大豆植株生理活动旺盛时期，需要大量的营养元素，以满足花荚营养需要。如只喷施1次叶肥，以始花期至盛花期为宜；喷施2次，则第一次在始花期，第二次在大豆终花期至初荚期。

叶面追肥可用尿素、钼酸铵、磷酸二氢钾、硼砂的水溶液或过磷酸钙浸出液。一般每亩用尿素500~1 000克、钼酸铵10克、磷酸二氢钾75~150克、硼砂100克，喷施浓度为尿素1%~2%，钼酸铵、硼砂0.05%~1%，磷酸二氢钾0.1%~0.2%，过磷酸钙0.3%~0.6%。根据具体需要选择肥料单施或混施。叶面追施应于无风晴天的下午3—6时进行，既要避免喷后太阳暴晒导致叶面溶液水分快速蒸发，又要避免喷后遇雨淋洗损失。喷肥可以是人工或采用机引喷雾作业，大规模生产的大豆田可以采用飞机喷洒作业。

（二）大豆施肥注意事项

在田间栽培条件下，影响大豆施肥与产量关系的条件有很多，如品种株型类型、种植密度、水分供应状况、土壤肥力、施肥时间、肥料种类等。如果施肥时不综合考虑这些条件的影响，将会导致施肥不增产，或者造成倒伏减产。因此，大豆施肥必须注意以下6个问题。

1. 大豆施肥量不能过多

若基肥施用过量，会严重影响出苗生根。种肥对大豆的胚根和胚轴会造成严重伤害，甚至致使有些种子不能萌发，播种时不能把化肥和种子同时播入土壤。基肥或追肥过量都会造成大豆徒长，甚至倒伏，造成减产，因此，大豆施肥不可过量。

2. 大豆施肥后，必须保证水分供应

如果施肥后水分供应不及时，深施者会造成伤根；表面撒施者，经日晒逸散，对大豆不起作用。

3. 大豆施肥必须充分考虑品种株型类型

对于植株高大的品种，若进行大肥大水栽培，必须适当稀植。否则，轻者造成空秆增加，重者造成倒伏减产。

4. 施肥要考虑土壤肥力

土壤肥力很高时，少施或不施基肥。同时，对植株高大的品种，也应稀植栽培，可在结荚末期追肥。

5. 选好肥料的种类

夏大豆适量施有机肥和磷、钾肥，对培育强大的大豆根系、增加根瘤非常有利。因此，大豆应多施有机肥和磷、钾肥。最好将有机肥与磷、钾肥配合作基肥施入，既壮根、增瘤、强秆，又使花繁荚多、籽粒饱满。

6. 注意施肥时间

在一般土壤肥力下，大豆分枝期前后不要施氮肥。分枝期施氮肥不仅抑制根系、根瘤生长发育，而且使花芽变为叶芽，造成旺长减产。在一般土壤肥力条件下，花期最好不施氮肥。若土壤肥力不足，花期施氮肥，量也宜少。因为花期施氮肥会引起蕾、花严重脱落。蕾、花脱落后，再长出枝芽，会造成叶繁荚稀的结果而减产。因此，在正常生长情况下，追肥期应适当推迟。

结荚末期追施氮肥，可减少秕荚，大幅度提高百粒重，并可使少部分植株再现蕾花而成荚，提高产量20%～40%。因为结荚末期营养生长基本停止，根系、根瘤生长速度大大降低，到鼓粒期根瘤菌固氮能力逐渐下降。而鼓粒期大豆吸收的氮、磷量分别占全生育期的 60% 和 65% 左右，所需氮的绝对量是磷的 8~9倍。因此，大豆鼓粒期常感氮素供应不足。结荚末期追施氮肥既满足大豆鼓粒的需要，又不会造成植株旺长，能大幅度增加籽粒产量。在缺磷地区，也可氮、磷配合追施。氮、磷的适宜比例为9∶1。追肥后，一定要注意及时灌溉。

（三）大豆缺素症状识别

在大豆生育期中由于某一营养元素的缺乏，会出现不正常的形态和颜色。可以根据大豆的缺肥症状，判断某一营养元素的缺乏后积极加以补救。

1. 缺氮

先是真叶发黄，严重时从下向上黄化，直至顶部新叶。在复叶上沿叶脉有平行的连续或不连续铁色斑块，褪绿从叶尖向基部扩展，乃至全叶呈浅黄色，叶脉也失绿。叶小而薄，易脱落，茎细长。

2. 缺磷

根瘤少，茎细长，植株下部叶色深绿，叶厚，凹凸不平，狭长。缺磷严重时，大豆表现为叶脉黄褐，后全叶呈黄色。

3. 缺钾

叶片黄化，症状从下位叶向上位叶发展。叶缘开始产生失绿斑点，扩大成块，斑块相连，向叶中心蔓延，后仅叶脉周围呈绿色。黄化叶难以恢复，叶薄，易脱落。缺钾严重的植株只能发育至荚期。根短、根瘤少。植株瘦弱。

4. 缺钙

叶黄化并有棕色小点。先从叶中部或叶尖开始，叶缘、叶脉仍为绿色。叶缘下垂、扭曲，叶小、狭长，叶端呈尖钩状。缺钙严重时顶芽枯死，上部叶腋中长出新叶，不久也变黄。延迟成熟。

5. 缺镁

在3叶期即可出现症状，多发生在植株下部。叶小，叶有灰条斑，斑块外围色深。有的病叶反张、上卷，有时皱叶部位同时出现橙、绿两色相嵌斑或网状叶脉分割的橘红斑；个别中部叶脉红褐色，成熟时变黑。叶缘、叶脉平整光滑。

6. 缺硫

叶脉、叶肉均生米黄色大斑块，染病叶易脱落，迟熟。

7. 缺铁

叶柄、茎黄色，比缺铜时的黄色要深。在植株顶部功能叶中出现，分枝上的嫩叶也易发病。一般仅见主脉、支脉，叶尖为浅绿色。

8. 缺硼

4片复叶后开始发病，花期进入盛发期。新叶失绿，叶肉出现浓淡相间斑块，上位叶较下位叶色淡，叶小、厚、脆。缺硼严重时，顶部新叶皱缩或扭曲，上、下反张，个别呈筒状，有时叶背局部现红褐色。蕾期发育受阻停滞，迟熟。主根短、根茎部膨大，根瘤小而少。

9. 缺锰

上部叶失绿，叶两侧生橘红色斑，斑中有1~3个针孔大小的暗红色点，后沿脉呈均匀分布、大小一致的褐点，形如蝌蚪状。后期，新叶叶脉两侧着生针孔大小的黑点，新叶卷曲呈荷花状，全叶色黄，黑点消失，叶脱落。严重时顶芽枯死，迟熟。

10. 缺铜

植株上部复叶的叶脉绿色，余浅黄色，有时生较大的白斑。新叶小、丛生。缺铜严重时，在叶两侧、叶尖等处有不成片或成片的黄斑，斑块部位易卷曲呈筒状，植株矮小，严重时不能结实。

11. 缺锌

下部叶有失绿特征或有枯斑，叶狭长，扭曲，叶色较浅。植株纤细，迟熟。

12. 缺钼

上部叶色浅，主脉、支脉色更浅。支脉间出现连片的黄斑，叶尖易失绿，后黄斑颜色加深至浅棕色。有的叶片凹凸不平且扭曲。

第二节　大豆各阶段管理措施

一、大豆幼苗期管理

（一）大豆幼苗期概述

大豆从出苗到分枝出现，称为幼苗期，约占整个生育期的1/5。幼苗终期可形成4片真叶，茎粗可达到总茎粗的1/4，根系可深达40厘米，占总根长的1/2。这一阶段是以生长根、茎、叶为主的营养生长时期。幼苗对低温的抵抗能力较强，最适宜温度为25℃左右。此期幼苗较能忍受干旱，适宜土壤相对湿度为10%~22%。幼苗期营养、水分需要量处于全生育期最少阶段，但它又是促进根系生长的关键时期。此阶段管理应达到苗齐、苗壮的目标。

（二）大豆幼苗期管理措施

1. 搞好田间排灌工程

我国大豆生长处于多雨季节，全年的降水大部分是在大豆生长期间发生的，特别是对于黄淮海地区的夏大豆和北方的春大豆，大豆生长期的降水量占全年的60%以上，且降水不均衡，时

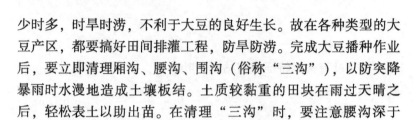

少时多，时旱时涝，不利于大豆的良好生长。故在各种类型的大豆产区，都要搞好田间排灌工程，防旱防涝。完成大豆播种作业后，要立即清理厢沟、腰沟、围沟（俗称"三沟"），以防突降暴雨时水漫地造成土壤板结。土质较黏重的田块在雨过天晴之后，轻松表土以助出苗。在清理"三沟"时，要注意腰沟深于厢沟，围沟深于腰沟。

2. 查苗补苗

大豆出苗后，及时查看田间缺垄、断垄情况，刚出苗可以补籽，没有种子时可以进行幼苗移栽。

（1）借苗　借苗可以通过充分发挥植株的自动调节能力，一方面拔除病苗、弱苗等，减少病害苗带来的潜在为害；另一方面，在遇到缺苗断条时，通过借苗，保证种植密度，增加产量。大豆的生长发育具有很强的自我调节能力，在大豆群体中，因种种原因造成缺苗断条时，在缺苗的地段，大豆单株生长相对繁茂些，可补偿缺苗处的生长量。但如果缺苗较多，超出了大豆的自我补偿能力，则会造成减产。在间苗时，如果遇到断空的地方，可在断空的一端或两端"借苗"，补种1~2株苗，以增加大豆群体的补偿能力，保证群体能形成高额的生物产量和经济产量。

（2）补苗　在大豆生产中，由于播种质量差、苗期病虫为害严重或自然条件恶劣，有时会出现较严重的缺苗断条现象，此时应先弄清原因，然后根据不同情况及时补苗。

墒情较好但播种较浅，豆种尚未吸水膨胀，可以将豆种重新埋入湿土。播种深度合适但墒情较差，有灌溉条件的地方可以喷灌1遍。由于喷灌后表层容易板结，3天后如果不下雨应该再喷1次，可以保证正常出苗。如果缺苗比例很小，可以人工灌溉。

由于播种机下籽不均匀造成缺苗时，如果墒情好，应该及时人工点播补籽。由于地老虎等地下害虫造成缺苗时，应该先用敌百虫拌麸皮治虫，同时及时补籽。

如果墒情不好，豆苗又长到 2 片真叶以上，可以移苗补苗，移苗应该选择在下午 4 时以后。一般做法：在播种时适当在边垄和地头多播一些种，或在垄沟中播一些种，长成的幼苗用来补苗。如果没有准备足够的幼苗作为补苗，可以采取补播的办法。补播头一天傍晚，用水浸种，补播时宜适当增加播种密度。若补播早，可以用同一品种，否则必须用生育期较短的品种。值得注意的是，补苗时应带土移苗，移栽深度应与幼苗移栽前生长的深度相一致。补苗后或补播后都应及时灌溉，以增加成活率。

3. 间苗定苗

大豆高产栽培，不仅要合理密植，而且植株长势要均匀，整齐度要高。因此，间苗是十分重要的栽培技术环节，特别是没有采用精量点播的地区，间苗的增产作用是不能忽视的。

（1）间苗 间苗应在大豆齐苗后，于 2 片对生真叶展开到第一片复叶全部展开前进行。间苗时，要按规定株距留苗，拔除弱苗、病苗、杂苗和小苗，并结合第一次中耕，进行松土培根。间苗只是拔去丛生苗，留苗数量还要多于计划苗数，防止幼苗期虫害或人工操作损苗后达不到计划苗数。

（2）定苗 第一片复叶展开后幼苗生长进入稳定生长期，这时候可以按计划留苗数和株行距定苗。定苗密度要根据品种和土壤肥力而定：上中等肥力、植株高大的中晚熟品种，每亩留苗 1.0 万~1.2 万株；中等肥力地每亩留苗 1.25 万~1.35 万株；旱薄地、早熟品种，每亩留苗 1.4 万~1.6 万株。定苗时在基本保持苗匀的前提下，去除小苗、弱苗，使总苗数与计划密度一致。

4. 中耕松土

中耕的作用，一是可疏松表土层，有利于根系和根瘤的生

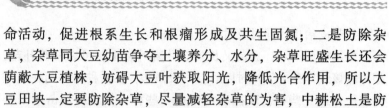

命活动，促进根系生长和根瘤形成及共生固氮；二是防除杂草，杂草同大豆幼苗争夺土壤养分、水分，杂草旺盛生长还会荫蔽大豆植株，妨碍大豆叶获取阳光，降低光合作用，所以大豆田块一定要防除杂草，尽量减轻杂草的为害，中耕松土是防除杂草的主要措施；三是有利于吸纳雨水，减少雨水以地面径流的形式流失。

大豆田块一般中耕 2~3 次，第一次中耕宜早，第一片复叶长出时即可进行第一次中耕，以后每隔 10~15 天再进行第二次、第三次中耕。第二次中耕深度应比第一次深，第三次又比第二次深，逐次加深中耕深度会促进大豆根系向深层伸展，增加根系营养吸收面积，增加结瘤和共生固氮。第二次、第三次中耕分别在分枝期、始花期进行。

5. 化学除草

大豆播种后出苗前 3~4 天，每亩用 50%乙草胺乳油 100~150 毫升，兑水 30~40 千克进行土壤封闭；若大豆已经出苗，来不及土壤封闭，可亩用 10%精喹禾灵乳油 60~75 毫升或 15%精吡氟禾草灵乳油 60~75 毫升或 125 克/升高效氟吡甲禾灵乳油 60~75 毫升，兑水 40~50 千克进行茎叶处理；如果单子叶、双子叶杂草混生，每亩可选择上述药剂之一与 40%氟醚·灭草松水剂 80~100 毫升或 25%氟磺胺草醚水剂 80~100 毫升，兑水 40~50 千克喷雾。

6. 苗期追肥

在大豆播种时若未施种肥，则应视土壤肥力状况施苗肥。土壤肥沃能满足大豆苗期的养分需求，可以不施苗肥。如果土壤肥力较低，速效养分供应能力较弱，播种时又未施种肥，则应施用少量氮肥和磷肥，满足大豆苗期生长的需要，并促进根系发育和结瘤固氮。苗期追肥可以是充分腐熟的粪肥或矿质磷肥和氮肥，施用量前者每亩 500~1 000 千克，后者每亩施五氧化二磷 4~8 千克、纯氮 3~4 千克。施肥结合中耕松土进行。

7. 病虫害防治

幼苗期主要有叶斑病、蚜虫、蛴螬、地老虎等病虫害。每亩用 100 克 50% 多菌灵可湿性粉剂，兑水 50 千克后喷雾，可防治大豆叶斑病和蚜虫。每亩用 1 千克 3% 辛硫磷颗粒剂，与 40~50 千克的土混拌，撒在田间，可防治蛴螬、地老虎等。

二、大豆分枝期管理

（一）大豆分枝期概述

大豆分枝期是进入花芽分化的初始阶段，是确定分枝数和每个分枝的每个节间开花结荚数的关键时期，也是奠定大豆高产的基础时期。此期植株的营养生长转旺，根系生长速度仍明显比地上部的茎叶快，花芽进入分化期，根瘤菌的固氮能力增强，是营养生长的重要时期。通过管理应达到植株健壮生长、花芽良好分化、叶片的面积加大、土壤疏松的目标。

（二）大豆分枝期管理措施

1. 中耕培土

深度在 10 厘米左右，有利于促进根系发育，增强植株的抗倒伏能力。

2. 灌溉施肥

在遇到连续 20 天以上不降雨、田间出现比较严重的干旱时，应及时灌溉。在植株的叶片发黄、卷曲、短小时，要及时追肥，每亩追施复合肥 20 千克。

3. 病虫害防治

此阶段主要有叶斑病、根潜蝇、蚜虫等病虫害，每亩可用 20% 虫酰肼悬浮剂 40 毫升，兑水 30 千克进行喷雾防治。

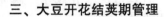

三、大豆开花结荚期管理

（一）大豆开花结荚期概述

大豆开花结荚期是营养生长与生殖生长并进的时期，植株的生长旺盛，单株荚数主要在此期形成，是决定产量的关键期。此期应做好促进植株根深叶茂，增加花数和荚数，防止植株徒长和倒伏等管理。

（二）大豆开花结荚期管理措施

1. 中耕除草

中耕可疏松土壤、清除杂草，有利于大豆根系的继续生长和新老根系的更替，可增强根系对土壤养分、土壤水分的吸收能力；同时可减少株行间的水分蒸发，增强土壤吸纳降水的能力。中耕清除杂草，可以避免或减轻杂草对土壤水分、养分的争夺，减少株行荫蔽，提高光合作用效率。这个时期中耕除草宜在大豆封行前进行，要避免封行后的中耕措施导致伤花、伤荚。此期中耕不宜过深。

2. 巧施花荚肥

开花结荚期是大豆需肥最多的时期，仅靠原来施入的基肥和种肥往往不能满足要求，巧施花荚肥具有明显的增产效果。因此，应根据前期施肥情况和豆苗长势施肥，以满足开花结荚期及其以后的养分需求。一般在大豆始花期，每亩用稀人粪尿500千克，加尿素2.5～5.0千克混合穴施（土壤较肥沃、植株生长茂盛的应少追或不追肥，以防疯长倒伏）。配合追氮肥，叶面喷施磷、钾肥和硼、钼等微肥，有更好的增产效果。一般喷2次，每次每亩用磷酸二氢钾100克、钼酸铵25克、硼砂100克（先用少量温水溶解），兑水50千克，均匀喷洒于植株的茎叶上。

3. 及时灌溉

大豆开花结荚期需水量大，且对水分特别敏感，遇干旱易造成大量落花、落荚。因此，如发现植株早晨叶片坚挺，中午叶片有萎蔫表现就应及时灌溉，灌溉应在傍晚进行。以小水沟灌至土壤湿润即可，切忌大水漫灌，否则易使根系窒息腐烂，退水后土壤板结、龟裂而损伤根系，或导致植株倒伏。有条件的地方最好采用喷灌，每次灌溉量为 30~40 毫米。

4. 排涝降渍

大豆植株的耐涝渍性能比较差，开花结荚期雨水过多，会引起叶片落黄、花荚大量脱落。因此，大雨后应注意及时排涝降渍。

5. 应用植物生长调节剂

开花结荚期高温、多雨，若土壤肥力较高，管理措施却未能跟上，很容易造成徒长。对这类豆田，应在始花期喷多效唑，抑制生长，促进发育。多效唑的最佳使用期为大豆始花期后 7 天，适宜浓度为 100~200 毫克/千克（无限结荚习性品种浓度可稍高），每亩使用量为 15%多效唑可湿性粉剂 50~100 克，兑水 75 千克，均匀喷于叶片的正反面。并在始花期和盛花期各喷 1 次亚硫酸氢钠，每次每亩 10 克，兑水 75 千克，选择在下午阳光不太强烈时喷叶。

6. 及时防治病虫害

大豆开花结荚期易发生豆荚螟、食心虫及花叶病毒病等病虫害，每亩可用 20%氯虫苯甲酰胺悬浮剂 5~10 毫升或 1.8%阿维菌素乳油 5~10 毫升，兑水 30~40 千克喷雾防治。

四、大豆鼓粒成熟期管理

（一）大豆鼓粒成熟期概述

大豆鼓粒成熟期营养生长已经停止，而生殖生长正旺，根茎生长变弱，根瘤固氮能力降低，其效能向豆荚和豆粒集中，是决定豆粒数量、重量的重要时期。做好此期的管理，可实现保根、促叶、增加豆荚及豆粒数量、提高千粒重的目标。

（二）大豆鼓粒成熟期管理措施

1. 遇旱灌溉

大豆鼓粒成熟期是需水的旺盛期，此时正值秋旱，如果遇到旱情，应及时灌溉，提供充足水分，促进籽粒灌浆。但如果遇到因多雨而田间出现涝情时，应及时排水除涝。

2. 追肥

此期如果植株的叶片发黄萎蔫，在灌溉的同时应进行适量追肥。每亩追施尿素 5 千克，或喷洒 1~2 次 3%磷酸二氢钾。可继续促进叶片生长，防止叶片早衰，使其继续发挥功能，促进粒重增加。

3. 防治病虫害

此期主要有食心虫和豆荚螟等害虫。每亩可用 50%杀螟硫磷乳油 1 000 倍液喷雾防治。既可起到防治病虫害的作用，又能促进大豆早熟，提高大豆产量。

第四章　大豆高质高效栽培技术

第一节　大豆"垄三"栽培技术

大豆"垄三"栽培技术是采用65~70厘米标准垄，以垄体深松、分层深施肥和垄上双行精量播种3项技术为核心的高产优质高效栽培技术。

一、品种选择及种子处理

1. 品种选择

选择通过审定、成熟期适宜的高产、优质、抗病、抗逆性强的品种。

2. 种子精选

剔除病粒、虫食粒、杂质，种子纯度、净度不低于98%，发芽率不低于85%，含水量不高于12%，达到良种标准。

3. 种子处理

每100千克种子用35%多·福·克悬浮种衣剂1.5升进行种子包衣。

二、轮作与耕整地

1. 轮作

实行"米-豆""米-豆-杂（麦）"轮作。

2. 整地

提倡秋整地，无深松深翻基础地块，要深翻起垄，耕深 30 厘米以上，打破犁底层；有深翻基础地块采用灭茬、起垄。

三、科学施肥

实行测土配方施肥，做到有机与无机相结合，氮、磷、钾科学配比，定量补充微肥。每亩施有机肥 1.5 米³，结合秋整地一次性施入。施肥方法：采取分层施肥，60%~70%的化肥施于种侧下 10~15 厘米；30%~40%的化肥施于种侧下 5 厘米。大豆前期长势较弱时，喷施叶面营养剂。

四、精量播种

1. 播期

当 5~10 厘米土壤温度稳定通过 7~8℃时，适时播种。

2. 播法

采用精量播种机垄上双行精量播种，小行距 10~12 厘米。

3. 种植密度

北方地区 2.1 万 ~ 2.4 万株/亩，中部地区 1.9 万 ~ 2.1 万株/亩，南方地区 1.5 万~1.8 万株/亩。

4. 播种质量

深浅一致，覆土匀、无断条，深度镇压后 3~5 厘米。

五、田间管理

1. 苗期垄沟深松

苗期适时进行垄沟深松，防寒增温。

2. 中耕培土灭草

垄沟深松后 7~10 天，进行第一次中耕培土，有条件的地方可以进行第二次中耕培土。

3. 化学除草

一般采用苗前、苗后 2 次除草。

（1）苗前封闭除草 每亩用 900 克/升乙草胺乳油 140 毫升，或 960 克/升异丙甲草胺乳油 130 毫升，加 75%噻吩磺隆水分散粒剂 2 克，兑水 15~20 升喷雾。

（2）苗后茎叶除草 杂草 2~4 叶期，防除禾本科杂草，亩用 5%精喹禾灵乳油 100~130 毫升或 240 克/升烯草酮乳油 50~60 毫升，兑水 40~50 千克均匀喷雾；防除阔叶杂草，用 480 克/升灭草松水剂 200 毫升或 250 克/升氟磺胺草醚水剂 150~200 毫升，兑水 3 千克均匀喷雾。

4. 防治病虫害

结合预测预报，当病虫害达到防治指标时，适时采取科学防控措施，避免盲目用药。

5. 灌溉

大豆开花结荚期、鼓粒成熟期发生干旱时，适时进行灌溉。

第二节 大豆窄行密植栽培技术

大豆窄行密植栽培技术是指通过缩小行距、增加密度、扩大群体来提高单产的一种栽培模式。主要的模式有 3 种：一种是小垄窄行密植栽培；一种是大垄窄行密植栽培；一种是深松窄行平播密植栽培。

一、小垄窄行密植栽培技术

小垄窄行密植栽培技术是适于我国北方大豆产区的一种窄行密植栽培方法。其要点：采用矮秆中早熟品种，加大种植密度，增加产量。

（1）选用良种　选用矮秆、半矮秆、抗倒伏、丰产性好的中早熟品种。播种前，用种衣剂进行包衣，以防治地下病虫害。

（2）整地施肥　选择排水良好的岗地或平川地，前茬以小麦、玉米、马铃薯或杂粮茬为佳，避免重茬、迎茬。结合秋整地，进行土壤深松，深度30~40厘米，起宽45厘米的垄，达到待播状态，也可随播随起垄。结合整地，每亩施优质农家肥1 000~1 500千克。

（3）抢墒密植　当土壤温度稳定在7~8℃时即开始播种，每亩保苗2.6万~3.0万株，垄上双行。

（4）除草保墒　铲前趟一犁，实现三铲三趟或根据杂草种类，选择相应除草剂进行封闭灭草或茎叶处理。

（5）追肥促熟　在大豆始花期每亩用尿素1千克进行叶面喷施。

（6）化控防倒　大豆前期长势较旺时，为防止徒长，于大豆始花期至盛花期，用多效唑喷施叶面，可抑制营养生长，防止倒伏，减少落花、落荚。

（7）深松抗涝　没有进行深松的地块，中耕期间根据土壤墒情进行苗期垄沟深松，增强大豆抗涝能力。

（8）拔净大草　大豆生育中后期，人工拔大草1~2次，达到地净无杂草。

二、大垄窄行密植栽培技术

大垄窄行密植栽培技术，就是变常规垄为大垄，即把常规垄（垄距60~77厘米）3垄变2垄或2垄变1垄，使垄距改为90~105厘米或120~140厘米；在垄上实行多个窄行种植，一般种植4~6行；种植密度比常规栽培增加30%左右。

（1）品种选择　选择成熟期适宜或略早的矮秆、抗倒伏、丰产性好的品种。

（2）合理密植　由于该项技术在生产上采用的多是当地常规垄作品种，因此种植的密度不宜过大。早熟矮秆品种每亩适宜保苗 2.5 万~3.3 万株，干旱区或丘陵易旱区每亩适宜保苗 2.3 万~3.0 万株。

（3）深松整地　采取大垄窄行密植，由于垄上行数增加，对播前整地的要求比常规垄作更为严格，不仅要求耕层深厚，垄上还必须做到表土平整、地净、土壤细碎。无深翻深松基础的地块，要进行伏秋翻地或耙茬深松，耕翻深度 18~20 厘米，耙茬深度 12~15 厘米，深松深度在 25 厘米以上，全方位深松深度可达 50 厘米。有深翻深松基础的地块，可进行秋耙茬。伏秋翻地或耙茬后深松起垄，达到待播状态。在翻耙或起垄的同时，要深施农家肥或化肥。

（4）施足基肥　中等肥力地块，每亩施农家肥 1 000 千克以上，化肥施用量比常规垄作增加 15%以上，并做到氮、磷、钾平衡施用。一般中等肥力地块，每亩施磷酸二铵 10~15 千克、硫酸钾或氯化钾 4~5 千克、尿素 3~5 千克。用化肥作种肥时，要深施于种下 5 厘米以上，或分层深施于种下 7 厘米和 14 厘米处，切忌种肥同位，以免烧种。此外，还要根据当地的土壤条件加施一些微肥。

（5）适时播种　当土壤温度稳定在 7~8℃时即可开始播种。黑龙江省北部和东部地区在 5 月 1—15 日，中南部地区在 4 月 25 日至 5 月 10 日。垄上按行等距精量播种，3 垄变 2 垄的垄距为 90~105 厘米的大垄，在垄上播 4 行。2 垄变 1 垄的垄距为 120~140 厘米的大垄，在垄上可播种 6 行，播种深度 3~5 厘米（镇压后），播后要及时镇压。

（6）病虫害防治　针对根腐病、孢囊线虫等地下病虫害发生严重的地区，要根据当地土壤条件及病虫害种类，因地制宜地选择大豆种衣剂进行种子包衣。

三、深松窄行平播密植栽培技术

深松窄行平播密植栽培技术，综合了深松、旋耕整地等先进技术，以肥保密，以密增产，增加冠层叶面积指数，提高光能截获率，以实现大豆生产的节本增效。

（1）选茬整地　选小麦茬、玉米茬及一年大豆茬，耕层深、肥力中等偏上的平地，深松深度 35~40 厘米，旋耕深度 12~15 厘米，耙细耢平待播。

（2）品种选择　选用矮秆或半矮秆的秆强、抗倒伏、喜肥、耐密植、高产优质、抗逆性强、成熟期适宜的品种。播种前要精选种子，净度达 98% 以上，发芽率在 95% 以上，选用大豆种衣剂包衣。

（3）施足基肥　每亩施优质农家肥 1 000 千克、磷酸二铵 15 千克、尿素 7.5 千克、钾肥 5 千克。

（4）合理密植　垄宽 130 厘米的大垄，垄上播 6 行，小垄距 22 厘米，大垄距 50 厘米，播深 3~5 厘米。5 月 5—20 日播完，随播随镇压。每亩保苗 2.3 万~3.0 万株。

（5）化学除草　播后苗前封闭除草，每亩用 72% 异丙甲草胺乳油 130 毫升加 48% 异噁草松乳油 50 毫升加 70% 嗪草酮乳油 20 毫升兑水 30 千克喷雾。对个别封闭效果不好的地块可选用茎叶处理，每亩用 12.5% 烯禾啶乳油 100 毫升加 25% 氟磺胺草醚水剂 66 毫升，或每亩用 43% 豆乙合剂 250 毫升兑水 30 千克喷雾。

（6）田间管理　根据虫情预报及田间发病情况及时防治食心虫和灰斑病。花前、花后喷叶面肥促熟、提质、增产。

第三节　大豆行间覆膜栽培技术

大豆行间覆膜技术是应用专用的大豆覆膜播种机在大豆行间覆盖 60~70 厘米宽的可降解或拉力强的 0.01 毫米地膜，一次完成施肥、覆膜、播种、镇压等作业。该技术适于干旱地区或干旱年份。

一、选地与整地

选择大豆生育前期受干旱影响严重的平川地或岗地，前茬为禾谷类作物或非豆科作物，有深松基础的地块种植。

伏秋整地，对没有深松基础的地块实行超深松或浅翻深松，深松深度 35 厘米以上；有深松基础的采用耙茬或旋耕整地，耙茬深度 15~18 厘米，旋耕深度 14~16 厘米；整地后达到地表干净，以保证覆膜质量。

二、品种选择及种子处理

1. 品种选择

选择审定推广的优质、高产、抗逆性强、成熟期适宜的品种。

2. 种子处理

（1）种子精选　种子播前要进行人工粒选或用大豆选种机精选，剔除病斑粒、不完整粒、虫蚀粒及杂质。精选后种子质量达到良种以上，即纯度≥98%、净度≥99%、发芽率≥85%、含水量≤13.5%。

（2）种子包衣　根据当地土壤条件及病虫害种类选用种衣剂。一般播种前 100 千克种子用 35% 多·福·克悬浮种衣剂

1 500毫升包衣，防治蛴螬、大豆根潜蝇等地下害虫和孢囊线虫、根腐病。

三、播种机选择及播种

1. 播种机选择

选择2BM-4型或2MBJ-8型等覆膜专用播种机，一次完成施肥、覆膜、播种、镇压等作业。

2. 播种

5厘米土壤温度稳定通过5℃时开始播种。一般播量为45~60千克/公顷，以保苗数25万~35万株/公顷为宜。播种方法为膜外单行播种，种子距膜3~5厘米。

四、施肥技术

1. 施肥方式与时间

化肥作底肥要深施，深度达到种下16~20厘米，全部氮肥（要求氮肥深施）及60%~70%磷、钾肥结合秋整地在土壤封冻前10天施入。如在秋整地时没施底肥的地块，在春季大豆播种时施入，此时，在播种同时采用分层深施肥技术，第一层16~20厘米，第二层5~7厘米；对于已秋施底肥地块，种肥用量是化肥总施用量（仅磷、钾肥）的30%~40%，施到种子侧下方5~7厘米处。

2. 施肥量

应用测土配方施肥技术科学施肥。做不到测土配方施肥的地块一般每公顷施用商品肥280~320千克，其中磷酸二铵180~200千克，控释尿素40~50千克，氯化钾60~70千克。

五、地膜选择及覆膜管理

选用地膜厚度为0.01毫米，用拉力较强的普通膜或降解膜。

一般地膜用量为 45~60 千克/公顷。若采用 70 厘米宽的地膜，110 厘米为一带，铺后膜面宽 60 厘米，露地间苗带宽 45~50 厘米；若采用 80 厘米宽的地膜，120 厘米为一带，铺后膜面宽 70 厘米，露地间苗带宽 45~50 厘米。膜要拉紧，两边各压土 10 厘米，在风沙大的地区，膜上压土，间距 5~10 米，在一般地区压土间距 10~20 米，以防止大风掀膜。

覆膜时机要随土壤墒情而定。在墒情好的情况下，随铺膜随播种。在土壤过于干旱时，则要等雨抢墒随铺随种。如果土壤湿度过大，则应晾晒，待土壤松散时再铺膜播种。覆膜第二天要仔细查田，见有膜被风鼓起用土压严，增温保墒。在大豆封垄期，要立即揭膜。

六、病虫草害的防治

1. 化学除草

覆膜大豆必须做好播种前的土壤封闭灭草，否则覆膜后膜内杂草多，仅靠膜内高温杀死杂草，很难完全防除。土壤封闭处理可采用秋季土壤施药结合秋整地进行，春施药可结合耙茬整地进行，也可以在播种的同时进行土壤封闭处理，先喷药随后进行播种、施肥、覆膜等。防除禾本科杂草可选用乙草胺或异丙甲草胺等，防除阔叶杂草可选用噻吩磺隆或异恶草松等。苗后茎叶处理同常规大豆生产田。

2. 病虫害防治

以农业防治、物理防治、生物防治为主，以化学防治为辅。通过选用抗病品种、合理轮作、培育壮苗、精细管理等农业措施，利用灯光、颜色诱杀等物理措施，释放天敌等生物措施及化学防治等措施综合防治。

七、中耕管理

行间覆膜因田间有覆膜区，可采用少耕或免中耕管理，即苗期土壤墒情好可在非覆膜区进行深松，土壤墒情差不能深松。

八、化学调控

植株长势过旺，可用多效唑、稀效唑进行调控，控制大豆徒长，防止后期倒伏。植株长势弱，可喷施微量元素、磷酸二氢钾或腐植酸类叶面肥等，促进大豆生长。

九、残膜回收

在大豆封垄前应将残膜全部起净，最好使用起膜中耕机作业，随起膜随中耕，防止后期杂草生长并有利于贮存雨水。

第四节 大豆保护性耕作技术

大豆保护性耕作技术，又称大豆少耕、免耕技术。保护性耕作技术是对农田实行免耕、少耕，尽可能减少土壤耕作，并用作物秸秆、残茬覆盖地表，减少土壤风蚀、水蚀，提高土壤肥力和抗旱能力的一项先进农业耕作技术。目前主要应用于干旱、半干旱地区。

一、秸秆覆盖技术

包括秸秆粉碎还田覆盖、留茬覆盖和整秆还田覆盖。

（一）秸秆粉碎还田覆盖

如果前茬是玉米，玉米秸秆量一般过大，可将玉米秸秆粉碎还田。还田方式可采用联合收割机自带粉碎装置和秸秆粉碎机作业两种，然后再用圆盘耙进行表土作业；春季地温太低时，可采用浅松作业。

如果前茬是小麦，可用联合收割机收获，同时将秸秆粉碎并抛撒还田，地表不平或杂草较多时可用浅松作业，秸秆太长时可用粉碎机或旋耕机浅旋作业。还田方式可采用联合收割机自带粉碎装置和秸秆粉碎机作业两种。小麦秸秆粉碎还田机具作业要求以达到免耕播种作业要求为准。

（二）留茬覆盖

适合风蚀严重、以防治风蚀为主、农作物秸秆需要综合利用的地区。实施保护性耕作技术可采用机械收获时留高茬+免耕播种作业、机械收获时留高茬+粉碎浅旋播种复式作业两种处理方法。

留高茬即是在农作物成熟后，用联合收获机或割晒机收割作物籽穗和秸秆，割茬高度控制在玉米至少20厘米，小麦至少15厘米，残茬留在地表不做处理，播种时用免耕播种机进行作业。

（三）整秆还田覆盖

一类是玉米整秆还田覆盖，适合冬季风大的地区。当前茬是玉米时，人工收获玉米后对秸秆不做处理，秸秆直立在地里，以免秸秆被风吹走；播种时将秸秆按播种机行走方向撞倒，或人工踩倒。

另一类是小麦整秆还田覆盖，适合机械化水平低、用割晒机或人工收获的地区。其具体操作：将麦秆运出脱粒，进行土地深松，再覆盖脱粒后的整秸秆。

二、轮作与耕整地

（一）轮作

实行玉米大豆隔年轮作，均衡增加田间秸秆量。

（二）耕整地

1. 免耕播种

免耕就是除播种之外不进行任何耕作。用免耕播种机一次完成破茬开沟、施肥、播种、覆土和镇压作业。

2. 少耕播种

少耕包括深松与表土耕作，深松即疏松深层土壤，基本上不破坏土壤结构和地面植被，可提高自然降水入渗率，增加土壤含水量。经必要的地表作业（耙地、浅松）后进行播种。大豆一般亩播种量为 4~5 千克。播种深度一般控制在 3~5 厘米，砂土和干旱地区播种深度应适当增加 1~2 厘米。施肥深度一般为 8~10 厘米（种肥分施），即在种子下方 4~5 厘米。

三、选择优良品种

选用高产、优质、耐除草剂的大豆品种。对种子进行精选处理，要求种子的净度≥98%、纯度≥97%、发芽率≥95%。播前应适时对所用种子进行药剂拌种或浸种处理。每亩播种量掌握在 5~6 千克。

四、施肥

播种时亩施磷酸二铵 15 千克、氯化钾 10 千克，或大豆专用复合肥 30 千克。注意将种子与肥料分开，肥料深施。也可在分枝期结合中耕培土施肥。

五、病虫草害防治

应用少、免耕技术要加强田间管理，特别是控制病虫草害的发生，播种前要对种子进行药剂拌种处理，出苗期喷洒除草剂，出苗后期机械或人工锄草。

六、化学调控

为防止大豆倒伏，高肥力地块可采用多效唑等化学调控剂在始花期进行调控。为防止后期脱肥早衰，低肥力地块可在盛花期、鼓粒期于叶面喷洒少量尿素、磷酸二氢钾和硼、锌微肥及其他营养剂。

第五章　大豆轮作技术

第一节　轮作概述

一、轮作的概念

轮作是指同一块地块上，在一定年限内依照一定的顺序轮换种植几种不同种类作物的种植方式。例如，春大豆-晚稻及春大豆-晚稻-油菜（小麦或蔬菜）。

与轮作相对的是连作，连作就是在同一块田地上连年种植相同作物或相同的复种方式。

二、轮作的作用

（一）减少病虫害

有些作物连作时，由于病虫害严重而导致产量降低和品质下降，如大豆连作会导致土壤中病原物的数量迅速积累而发生严重的根部病害，幼苗期根系腐烂，下扎受阻，茎、叶生长缓慢或趋于停滞；在严重发病地块，这些病原物在土壤中可以存活 8~10 年，在相隔 3~5 年不种大豆后，再在此地块上种植大豆仍有可能发生严重病害，降低产量。

（二）较合理地利用土壤中的养分

作物对土壤中养分的吸收是有选择的，因而轮作较合理地利用了土壤中的养分，例如，禾谷类作物从土壤中吸收的氮、磷和钾较多；油料作物吸收的磷较多；薯类作物吸收的钾较多；而大豆吸收大量的氮、钙和较多的磷，同时大豆本身又能通过根瘤菌固定空气中的氮，一般认为豆科作物所吸收氮素的40%~60%是由根瘤菌固定的。另外，豆科作物和十字花科作物又能靠根的分泌物溶解土壤中的磷化合物，使土壤有效磷增加。大豆轮作种植，可以避免土壤养分的失衡，能较合理地利用土壤中的养分。

（三）改善土壤结构，保持、恢复和提高土壤肥力

不同种类的作物对土壤有机质和养分的积累与消耗能力不同，对土壤理化性质的影响也不相同。例如，水稻、玉米等消耗土壤中大量的氮素，而豆科作物因根瘤菌有固氮作用，可丰富土壤中的氮素，绿肥压青还可大大增加土壤有机质含量和养分含量及改良土壤结构。因此，将水稻、玉米与豆科作物或绿肥作物轮作，就可保持、恢复和提高土壤肥力，从而有利于作物高产、稳产、优质。再如，水田经常淹水处于厌氧状态，往往造成土层板结黏重，结构不良，如与大豆、玉米等旱作作物进行轮作，通过在旱作期间的各项耕作措施，可调节土壤的通气状况，促进有机质分解，从而改善土壤的理化性状，促进好氧微生物活动，有利于提高土壤肥力。

三、轮作的原则

（一）前作有利于后作

安排轮作的顺序，应考虑前作对后作的影响，使每种作物都能安排在合适的前作之后而又为后作创造良好的条件，以发挥每一作物提产增质的潜力。

（二）用地与养地相结合

在复种指数、产量水平不断提高的情况下，养地就显得更加

重要。因此，轮作既要考虑用地作物的配置，又要安排适当比例的养地作物，以保持较高的土壤肥力。

（三）主要作物安排最好的条件

主要粮食作物或经济作物安排最适宜的环境条件和最好的土壤条件，以使主要作物获得优质、高产的产品，取得最大的经济效益。

（四）适当采用轮作休耕

休耕是指耕地在可种作物的季节只耕不种或不耕不种的方式。适当采用轮作休耕使耕地得到休养生息，以减少水分、养分的消耗，并积蓄雨水，消灭杂草，促进土壤潜在养分转化，为以后作物生长创造良好的土壤环境和条件。

第二节　大豆轮作概述

一、大豆轮作的方式

不同品种大豆的生态类型和栽培条件有着明显的差异，所以轮作方式也有所不同。当前，大豆与其他作物轮作的方式主要有以下几种。

①冬小麦-夏大豆-冬小麦-夏玉米。

②冬小麦-夏大豆-冬小麦-夏甘薯。

③冬小麦-夏大豆-冬菠菜-春马铃薯-夏玉米。

④冬小麦-夏大豆-春棉花。

⑤大豆-小麦-小麦。

⑥大豆-亚麻（小麦）-玉米。

⑦玉米-玉米-大豆。

二、大豆轮作的注意事项

由于大豆的轮作方式较多，在配置轮作方式时应注意以下 3 个方面。第一，尽量避免与其他豆科作物如花生、绿豆、红小豆、豌豆等搭配在同一轮作周期内，否则影响轮作的效果。第二，注意因地制宜，兼顾各个方面，做到既能满足对商品粮和其他经济作物的需求，又能满足对大豆的需求；既能考虑到前作与后作的关系，又能考虑到水分、养分、土壤结构、杂草与病虫害的影响，解决用地与养地的矛盾。第三，注意是否适合规模化种植和集约化经营。

第三节 大豆-玉米轮作条件下的大豆高效栽培技术

大豆-玉米轮作条件下的大豆高效栽培技术是在玉米机械收获后全部还田和大豆种植时不施用氮肥的基础上，集成保护性耕作、作物轮作、精准施肥、播后或苗后化学除草、病虫害生态防控、化学调控等单项技术的配套栽培技术体系。该技术分为深翻犁秸秆全还田深混技术和秸秆覆盖免耕精量播种技术。

一、增产增效情况

种植大豆不施用氮肥，大豆茬免耕种植玉米，亩增收节支 120 元以上；玉米秸秆一次性深混还田，改善了土壤的孔隙结构，增加了耕层厚度，提高了土壤有机质含量，提高了土壤肥力。和常规技术相比，应用大豆-玉米轮作大豆高效栽培技术可增产大豆 12% 左右，水分、肥料利用率提高 13% 以上，同时病虫害得到控制，并可避免因秸秆焚烧造成的环境污染。

二、技术要点

（一）玉米秸秆处理

玉米成熟后采用联合收割机收获，同时将粉碎的玉米秸秆抛撒在田面上，玉米留茬 15 厘米以下，用灭茬机进行秸秆和根茬的二次破碎。

（二）秸秆深混还田

使用螺旋式犁壁犁进行土壤深翻作业，将抛撒在地面上的秸秆深混入 30~35 厘米土层；深翻后的土壤晾晒 4~5 天，然后利用圆盘耙进行耙地，最后使用联合整地机起垄至待播种状态。

（三）优质高产大豆品种选择

蛋白含量高、耐密植、产量稳定性好、抗倒伏和疫霉根腐病、成熟时不炸荚、适于机械化管理和区域内种植的大豆品种。

（四）种子处理与播种

精选种子，保证发芽率。每 100 千克种子用 1 500 毫升种衣剂拌种，防治根腐病，同时防治大豆根潜蝇、地老虎、大豆孢囊线虫病等。要求药液均匀分布在种子表面，拌匀后晾干即可播种。每亩播种量在 4~5 千克，保苗 28 万株。根据土壤墒情和土壤温度适时播种。

（五）施肥

亩施磷酸二铵 10 千克、硫酸钾 5 千克。采用分层施肥：第一层施在种下 4~5 厘米处，占施肥总量的 30%~40%；第二层施于种下 8~15 厘米处，占施肥总量的 60%~70%。

（六）杂草防治

播种后出苗前，用异丙草胺、异丙甲草胺、精异丙甲草胺、丙炔氟草胺和噻吩磺隆等化学除草剂进行封闭除草；出苗后用精喹禾灵、高效氟吡甲禾灵、精吡氟禾草灵、烯禾啶与氟磺胺草醚等进行茎叶除草。

（七）病虫害防治

加强病虫害监测，尽量施用高效、低毒、低残留药剂。使用吡虫啉或阿维菌素制剂防治蚜虫，使用阿维菌素防治红蜘蛛，使用高效氯氟氰菊酯防治食心虫，使用咪鲜胺或者菌核净防治菌核病。

（八）化学调控

高肥地块可在始花期喷施多效唑等植物生长调节剂，防止大豆倒伏。低肥力地块可在盛花期、鼓粒期叶面喷施少量尿素、磷酸二氢钾和硫酸锌微肥等，防止后期脱肥早衰。

（九）机械收获

在大豆完熟期、叶片全部脱落、豆粒归圆时进行。收割机作业要求割茬低、不留底荚，一般 5~6 厘米。

三、注意事项

深翻犁秸秆全还田深混技术要求玉米秸秆含水量在联合收割机收获时不能太高，否则影响秸秆的机械粉碎程度，进而影响秸秆的机械还田效果。

深翻犁秸秆全还田深混技术尽量在秋季作物收获以后进行，以免春季耕翻导致土壤失墒，影响大豆的生长发育。

大豆茬免耕播种玉米要注意播种时的土壤温度，如果温度过低，可以等到适宜的土壤温度再播种，以免影响玉米的发芽。

第六章　大豆玉米带状复合种植技术

第一节　大豆玉米带状复合种植技术内涵

一、大豆玉米带状复合种植技术概念

大豆玉米带状复合种植技术是在传统间套作基础上创新发展而来的，采用玉米带与大豆带间作（复合）种植，让高位作物——玉米株具有边行优势，扩大低位作物——大豆受光空间，实现玉米带和大豆带年际间地内轮作，又适于机播、机管、机收等机械作业，在同一地块实现大豆玉米和谐共生、一季双收，是稳玉米、扩大豆的一项重要种植模式。该种植模式并非一行玉米一行大豆，现在试点试验的多数是 2~4 行玉米、2~6 行大豆，因此称为大豆玉米带状复合种植。

二、大豆玉米带状复合种植技术类型

大豆玉米带状复合种植模式包括两大类型。一是大豆玉米同时播种、同期收获的大豆玉米带状间作。该类型中大豆和玉米共生时间大于全生育期的一半，大豆前期不受玉米影响，中后期受到与之共生的玉米影响，能集约利用空间。二是玉米先播，在玉米生长的中后期套播大豆的大豆玉米带状套作。该类型中大豆和玉米共生时间少于全生育期的一半，大豆前期受到玉米的影响，玉米收获后大

豆中后期有相当长的单作生长时间，能充分利用时间和空间。

三、与传统大豆玉米间套作模式的区别

（一）田间配置方式不相同

田间配置方式的区别主要表现在以下 3 个方面。一是带状复合种植一般采用 2~4 行玉米：2~6 行大豆的行比配置，年际间实行带间轮作；而传统间套作多采用单行间套作、1 行：2 行或多行：多行的行比配置，作物间无法实现年际间带间轮作。二是带状复合种植的两个作物带间距大、作物带内行距小，降低了高位作物对低位作物的荫蔽影响，有利于增大复合群体总密度；而传统间套作的作物带间距与带内行距相同，高位作物对低位作物的负面影响大，复合群体密度难增大。三是带状复合种植的株距小，两行高位作物玉米带的株距要缩小至保证复合种植玉米的密度与单作相当，以保证与单作玉米产量相当，而大豆要缩小至单作种植密度的 70%~100%，多收一季大豆；而传统间套作模式都采用同等大豆行数替换同等玉米行数，株距也与单作株距一样，使得一个作物的密度与单作密度相比成比例降低甚至仅有单作的一半，产量不能达到单作水平，间套作的优势不明显。

（二）土地产出目标不同

间套作的最大优势就是提高土地产出率，大豆玉米带状复合种植本着共生作物和谐相处、协同增产的目的，玉米不减产，多收一季大豆。大豆、玉米的各项农事操作协同进行，最大限度地减少单一作物的农事操作环节，增加成本少、产生利润多，投入产出比高。该模式不仅利用了豆科与禾本科作物间套作的根瘤菌固氮培肥地力，还通过优化田间配置，充分发挥玉米的边行优势，降低种间竞争，提升玉米、大豆种间协同功能，使其资源利用率大大提高，系统生产能力显著提高，复合种植系统下单一作

物的土地当量比均大于1或接近1，系统土地当量比在1.4以上，甚至大于2；传统间套作偏向当地优势作物生产能力的发挥，另一个作物的功能以培肥地力或填闲为主，生产能力较低，其产量远低于当地单作生产水平，系统的土地当量比仅为1.0~1.2。

（三）机械化程度不同、机具参数不同

大豆玉米带状复合种植通过扩大作物带间宽度至播、收机具机身宽度，大大提高了机具作业通过性，使其达到全程机械化，不仅生产效率接近单作，而且降低了间套作复杂程度，有利于标准化生产。传统间套作受不规范行比配置的影响，生产粗放、效率低，要么因1行：1行（或多行）条件下行距过小或带距过窄无法机收；要么因提高机具作业性能而设计的多行：多行，导致作业单元宽度过大，间套作的边际优势与补偿效应得不到发挥，限制了土地产出功能，土地当量比仅为1.0~1.2（1亩地产出了1.0~1.2亩地的粮食），有的甚至小于1。大豆玉米带状复合种植的作业机具为实现独立收获与协同播种施肥作业，对机具参数有特定要求。一是某一作物收获机的整机宽度要小于共生作物相邻带间距离，以确保该作物收获时顺畅通过；二是播种机具有2个玉米单体，且单体间距离不变，根据区域生态和生产特点调整玉米株距、大豆行数和株距，尤其是必须满足技术要求的最小行距和最小株距；三是根据玉米、大豆需肥量的差异和玉米小株距，播种机的玉米肥箱要大、下肥量要多，大豆肥箱要小、下肥量要少。

第二节　大豆玉米带状复合种植田间配置技术

一、品种选配参数

大豆玉米带状复合种植技术目标是保证玉米与单作玉米相比

尽量不减产，增收一季大豆，实现玉米大豆双丰收。按照此要求，遵循"高位（玉米）主体，高（玉米）低（大豆））协同"的品种选配原理，通过多年多生态点的大田试验，明确了宜带状复合种植的大豆玉米品种选配参数。

（一）大豆品种选配参数

在带状复合种植系统中，光环境直接影响低位作物——大豆的器官生长和产量形成。适宜带状复合种植的大豆品种的基本特征是产量高、耐阴抗倒伏，有限或亚有限结荚型习性。在带状间作系统中，大豆成熟期单株有效荚数不低于该品种单作荚数的50%，单株粒数 50 粒以上，单株粒重 10 克以上，株高范围 55~100 厘米、茎粗范围 5.7~7.8 毫米，抗倒伏能力强。在带状套作系统中，玉米大豆共生期（V5~V6 期）大豆节间长粗比小于19，抗倒伏能力较强；大豆成熟期单株有效荚数在该品种单作荚数的 70%以上，单株粒数在 80 粒以上，单株粒重在 15 克以上，中晚熟。

（二）玉米品种选配参数

生产中推荐的高产玉米品种，通过带状复合种植后有两种表现：一是产量与其单作种植差异不大，边际优势突出，对带状复合种植表现为较好的适宜性；二是产量明显下降，与其单作种植相比，下降幅度达 20%以上，此类品种不适宜带状复合种植密植栽培环境。宜带状复合种植的玉米品种应为紧凑型、半紧凑型品种，中上部各层叶片与主茎的夹角、株高、穗位高、叶面积指数等指标的特征值：穗上部叶片与主茎的夹角为 21°~23°，棒三叶叶夹角为 26°左右，棒三叶以下三叶夹角为 27°~32°；株高 260~280 厘米、穗位高 95~115 厘米；生育期内最大叶面积指数为4.6~6.0，成熟期叶面积指数维持在 2.9~4.7。

二、生产单元参数配置

生产单元是间套作各种农作物顺序种植一遍所占地面的宽度。例如，一个玉米带、一个大豆带构成一个带状复合种植体，为一个生产单元，全田由多个这样的生产单元组成。

在 2.0~3.0 米生产单元里按玉米大豆 2 : (2~6) 行比配置，玉米保持 2 行，行行具有边际优势，确保玉米产量；扩间距是本技术的核心之一，各生态区玉米和大豆间距都应扩至 60~70 厘米，可协调地上地下竞争与互补关系；高位作物——玉米的行距均保持在 40 厘米，大于 40 厘米密度减小且对大豆生长不利；大豆的行距以 20~40 厘米为宜。各生态区、不同模式类型在选择适宜的田间配置参数时可根据玉米 2~4 行、大豆 2~6 行对玉米株距和大豆株行距进行调整。根据各区域多年多点试验示范结果，在以春玉米夏大豆带状套作为主的西南地区和光热条件较好的西北春玉米春大豆带状间作区，玉米带之间距离缩至 1.8~2.0 米，此距离内种 3~4 行大豆；而在黄淮海夏玉米夏大豆带状间作区，适宜玉米带之间距离可扩至 2.0~2.6 米，此距离内种 4~6 行大豆；青贮大豆玉米带状复合种植适宜的玉米带间距可适当缩小，而鲜食可适当扩大。

三、大豆玉米带状复合种植密度配置

(一) 大豆玉米带状复合种植密度配置原则

提高种植密度，保证与当地单作相当是带状复合种植增产的又一中心环节。确定密度的原则是高位主体、高低协同，高位作物——玉米的密度与当地单作相当，低位作物——大豆的密度根据两作物共生期的长短，保持单作的 70%~100%。带状套作共生期短，大豆的密度可保持与当地单作相当，共生期超过 2 个月，大豆的密度适度降至单作大豆的 80% 左右；带状间作共生期长，大豆如为 2 行或 3 行密度可进一步缩至当地单作的 70%，4~6 行大豆的密度应为单作的 85% 左右。同时，大豆玉米带状复合种植两作物各自适宜的密度也受到气候条件、土壤肥力水平、播种时间、品种特性等因素的影响，光照条件好、玉米株型紧凑、大豆分枝少、肥力条件好，玉米大豆的密度可适当增加，相反，需适当降低。

（二）区域大豆玉米带状复合种植密度推荐

小株距密植确保带状复合种植玉米与单作密度相当，适度缩小株距确保大豆密度达到当地单作密度的 70%~100%。以 2 行玉米为例，西南地区玉米穴距 10~14 厘米（单粒）或 20~28 厘米（双粒），播种密度 4 500 粒/亩以上；大豆穴距 7~10 厘米（单粒）或 14~20 厘米（双粒），播种密度 9 500 粒/亩以上。黄淮海地区玉米穴距 8~11 厘米（单粒）或 16~22 厘米（双粒），播种密度 5 000 粒/亩以上；大豆穴距 7~10 厘米（单粒）或 14~20 厘米（双粒），播种密度 12 000 粒/亩以上。西北地区玉米穴距 8~11 厘米（单粒）或 16~22 厘米（双粒），播种密度 5 500 粒/亩以上；大豆穴距 7~9 厘米（单粒）或 14~18 厘米（双粒），密度 13 000 粒/亩以上。

第三节　大豆玉米带状复合种植播种技术

一、土地整理

（一）带状间作土地整理

1. 深松耕

深松耕是指用深松铲或凿形犁等松土农具疏松土壤而不翻转

土层的一种深耕方法，通常深度可达 20 厘米以上。适于经长期耕翻后形成犁底层、耕层有黏土硬磐或白浆层或土层厚而耕层薄不宜深翻的土地。主要作用：一是打破犁底层、白浆层或黏土硬磐，加深耕层、熟化底土，有利于作物根系深扎；二是不翻土层，后茬作物能充分利用原耕层的养分，保持微生物区系，减轻对下层厌氧微生物的抑制；三是蓄雨贮墒，减少地面径流；四是保留残茬，减轻风蚀、水蚀。

深松耕方法：一是全面深松耕，一般采用"V"形深松铲，优势在于作业后地表无沟，表层破坏不大，但对犁底层破碎效果较弱，消耗动力较大；二是间隔深松耕，松一部分耕层，另一部分保持原有状态，一般采用凿式深松铲，其深松部分通气良好、接纳雨水；未松的部分紧实、能提墒，有利于根系生长和增强作物抗逆性。

2. 麦茬免耕

针对西南地区油（麦）后和黄淮海地区麦后的大豆玉米带状间作，前作收获后应及时抢墒播种玉米、大豆，为创造良好的土壤耕层、保墒护苗、节约农时，多采用麦（油）茬免耕直播方式。

若小麦收获机无秸秆粉碎、均匀还田的功能或功能不完善，小麦收获后达不到播种要求，需要进行一系列整理工作，保证播种质量和玉米大豆的正常出苗。整理分为 3 种情况：一是前作秸秆量大，全田覆盖达 3 厘米以上，留茬高度超过 15 厘米，秸秆长度超过 10 厘米，先用打捆机将秸秆打捆移出，再用灭茬机进行灭茬；二是秸秆还田量不大，留茬高度超过 15 厘米，秸秆呈不均匀分布，需用灭茬机进行灭茬；三是留茬高度低于 15 厘米，秸秆分布不均匀，用机械或人工将秸秆抛撒均匀即可。整理后的标准为秸秆粉碎长度在 10 厘米以下，分布均匀。

生产中常常因为收获小麦时对土壤墒情掌握不当造成土壤板结，影响玉米、大豆的播种质量和生长。因此，收获前茬小麦时田间持水量应低于75%，小麦联合收割机的碾压对玉米、大豆播种无显著不良影响。但当田间持水量在80%以上时，轮轧带碾压后的表层土壤坚硬板结，将严重影响玉米、大豆出苗。

（二）带状套作土地整理

1. 玉米带

西南地区春玉米夏大豆带状套作区，旱地周年主要作物为玉米、小麦（油菜、马铃薯）、大豆。小麦（油菜、马铃薯）播种季常遇干旱，为保证出苗多采用抢墒免耕播种，夏大豆为保墒也常采取免耕直播。因此，玉米季需深耕细整，翌年玉米带轮作大豆带，实现2年全田深翻1次。小麦、马铃薯、蚕豆等冬季作物带状套种玉米，冬季作物播种后可对未种植的预留空行或冬季休闲地进行深耕晒土，疏松土壤，翌年玉米播种前，结合施基肥，旋耕碎土平整。若预留行种植其他作物，收获后，及时清理，深翻晒土，播前旋耕碎土。

深耕的主要工具为铧犁，有时也用圆盘犁，深耕深度一般为20~25厘米。旋耕机旋耕深度为10~12厘米，是翻耕的补充作业，主要作用是碎土、平整。无套作前作的地块可以不受机型限制，若与小麦、蚕豆等冬季作物套作，需选择工作幅宽为1.2~1.5米的机型。

2. 大豆带

带状套作大豆一般在6月上中旬播种，夏季抢时，通常采用抢墒板茬（或灭茬）免耕播种。灭茬是指除去收割后遗留在地里的作物根茬、杂草等。前茬为小麦，且留茬高度超过15厘米，在大豆播种前，利用条带灭茬机灭茬，受播幅影响，需选择工作幅宽为1.2~1.5米的机型。前茬为马铃薯等蔬菜作物，只需将秸秆、杂草等清除，无须进行动土作业。

二、播种日期

(一) 确定原则

1. 茬口衔接

对于西南、黄淮海多熟制地区，播种时间既要考虑玉米、大豆当季作物的生长需要，还要考虑小麦、油菜等下茬作物的适宜播期，做到茬口顺利衔接和周年高产。

2. 以调避旱

西南地区夏大豆易出现季节性干旱，为使大豆播种出苗期有效避开持续夏旱的影响，在有效弹性播期内适当延迟播期，并通过增密措施确保高产。

3. 迟播增温

在西北、东北等一熟制地区，带状间作玉米、大豆不覆膜时，需要在有效播期范围内根据土壤温度上升情况适当延迟播期，以确保玉米、大豆出苗后不受冻害。

4. 以豆定播

在西北、东北等低温地区，播种期需视土壤温度而定，通常5~10厘米土壤温度稳定在10℃以上、气温稳定在12℃以上是玉米播种的适宜时期，而大豆发芽的适宜土壤（5~10厘米）温度为12~14℃，稍高于玉米。因此，西北、东北地区带状间作模式的播期确定应参照当地大豆最适播种时间。

5. 适墒播种

在土壤温度满足要求的前提下，还应根据土壤墒情适时播种。玉米、大豆播种时的适宜土壤湿度应达到田间持水量的60%~70%，即手握耕层土壤可成团，自然落地即松散。土壤湿度过高与过低均不利于出苗，黄淮海地区要在小麦收获后及时抢墒播种；如果土壤湿度较低，则需造墒播种，如在西北、东北地区可提前浇灌，再等墒播种。此外，大豆播种后遭遇大雨后极易导致土壤板结，子叶顶土困难，西南、黄淮海夏大豆地区应在有效播期内根据当地气象预报适时播种，避开大雨危害。

（二）各生态区域的适宜播期

1. 黄淮海地区

在小麦收获后及时抢墒或造墒播种，有滴灌或喷灌的地方可适时早播，以提高夏大豆脂肪含量和产量。黄淮海地区的适宜播期在6月中下旬。

2. 西北和东北地区

根据大豆播期来确定大豆玉米带状间作的适宜播期，在5厘米土壤温度稳定在10~12℃（东北地区为7~8℃）时开始播种，播期范围为4月下旬至5月上旬。大豆早熟品种可稍晚播，晚熟品种宜早播；土壤墒情好可晚播，墒情差应抢墒播种。

3. 西南地区

玉米–大豆带状套作区域，玉米在当地适宜播期的基础上结合覆膜技术适时早播，争取早收，以缩短玉米、大豆共生时间，减轻玉米对大豆的荫蔽影响，最适播种时间为3月下旬至4月上旬；大豆以播种出苗避开夏旱为宜，可适时晚播，最适播种期为6月上中旬。大豆玉米带状间作区域，则根据当地春播和夏播的常年播种时间来确定。春播时玉米在4月上中旬播种，大豆同时播或稍晚；夏播时玉米在5月下旬至6月上旬播种，大豆同时播或稍晚。

三、种子处理

生产中玉米种子都已包衣，但大豆种子多数未包衣，播前应对种子进行拌种或包衣处理。

（一）种衣剂拌种

选择大豆专用种衣剂，如62.5克/升精甲·咯菌腈悬浮种衣剂或20.5%多·福·甲维盐悬浮种衣剂等。根据药剂使用说明确定使用量，药剂不宜加水稀释，使用拌种机或人工方式进行拌种。种衣剂拌种时也可根据当地微肥缺失情况，协同微肥拌种，每千克大豆种子用硫酸锌4~6克、硼砂2~3克、硫酸锰4~8克，加少许水（硫酸锰可用温水溶解）将其溶解，用喷雾器将溶液喷洒在种子上，边喷边搅拌，拌好后将种子置于阴凉干燥处，晾干后播种。

（二）根瘤菌接种

液体菌剂可以直接拌种，每千克种子一般加入的菌剂量为5毫升左右；粉状菌剂根据使用说明需加水调成糊状，用水量不宜过大，应在阴凉地方拌种，避免阳光直射杀死根瘤菌。拌好的种子应放在阴凉处晾干，待种子表皮晾干后方可播种，拌好的种子放置时间不要超过24小时。用根瘤菌拌种后，不可再拌杀菌剂和杀虫剂。

四、机械播种技术

（一）机具选择

根据所选种植模式、机具情况确定相匹配的播种机组，行距、间距、株距、播种深度、施肥量等应调整到位，满足当地农艺要求。例如，大豆、玉米同期播种，优先选用与一个生产单元相匹配的大豆玉米带状复合种植专用播种机；又如，大豆、玉米错期播种，可选用单一大豆播种机和玉米播种机分步作业。黄淮海地区前茬秸秆覆盖地表，宜选用大豆带灭茬浅旋功能的播种机，减少晾种和拥堵现象；西北地区，根据灌溉条件和铺膜要求，宜选用具有铺管覆膜功能的播种机；长江中下游地区，根据土壤情况，宜选用具有开沟起垄功能的播种机；西南地区，应选用具有密植分控和施肥功能的播种机。

（二）规范作业

大面积作业前，应进行试播，查验播种作业质量、调整机具参数，播种深度和镇压强度应根据土壤墒情变化适时调整。作业时，应注意适当降低作业速度，提高小穴距条件下播种作业质量，一般排种器作业速度勺轮式的为 3~4 千米/时，指夹式的为 5~6 千米/时，气力式的为 6~8 千米/时，同时注意保持衔接行距均匀一致。

（三）技术要点

1. 黄淮海地区

大豆播种平均种植密度为 8 000~10 000 株/亩。玉米播种调整行距接近 40 厘米，调整株距至 10~12 厘米，平均种植密度为 4 500~5 000 株/亩，并增大玉米单位面积施肥量，确保玉米单株施肥量与单作相当。

2. 西北地区

该地区覆膜打孔播种机应用广泛，应注意适当降低作业速度，防止地膜撕扯，保证两种作物种子均能准确入穴。大豆可采用一穴 2~3 粒的播种方式，平均种植密度为 11 000~12 000 株/亩。玉米调整行距接近 40 厘米，通过改变鸭嘴数量将株距调整至 10~12 厘米，平均种植密度为 4 500~5 000 株/亩，并增大玉米单位面积施肥量，确保玉米单株施肥量与单作相当。

3. 西南和长江中下游地区

该区域大豆玉米间套作应用面积较大。大豆播种可在 2 行玉米播种机上增加 1~2 个播种单体，株距调整至 9~10 厘米，平均种植密度为 9 000~10 000 株/亩。玉米播种调整行距接近 40 厘米，株距调整至 12~15 厘米，平均种植密度为 4 000~

4 500 株/亩，并增大玉米单位面积施肥量，确保玉米单株施肥量与单作相当。

第四节　大豆玉米带状复合种植田间管理技术

一、查苗补苗

大豆和玉米出苗后要做好田间检查工作，一旦发现缺苗，就要及时补栽或补种，尽可能保障大豆和玉米全苗。此外，种植人员还需注意补种的种子品种要与原品种相同，并在补种前将种子放入清水中浸泡 5 小时；如土壤过于干旱，还要适当灌溉，确保大豆和玉米顺利出苗。大豆和玉米进入苗期后，就要对高密度区域间苗，以免因相互争抢水肥而影响大豆和玉米的生长质量。

二、水肥管理

虽然采用大豆玉米带状复合种植技术能够实现两种农作物的优势互补，优化大豆与玉米的生长环境，但是为保证作物生长质量，种植人员还需做好水肥管理。播种地的选择应以养分充足的地块为主，倘若当地土壤肥力较低，种植人员可利用化肥提高土壤肥力，为大豆和玉米营造适宜的生长环境。种植过程中，种植人员需要根据大豆和玉米的需肥特性，科学施加肥料，做到平衡施肥。另外，种植人员要合理控制氮肥的施用，玉米要施足氮肥，大豆少施或不施氮肥，并保证施肥位置适当靠近玉米株，大豆基肥可不施加氮肥。还要确保大豆和玉米田土壤湿度处于适宜范围，一旦田间积水过多，就要及时排水。倘若种植地较为干旱，就要做好灌溉工作。待大豆开花后，可每亩追施尿素 6 千克；进入花荚期，至少喷施 1 次叶面肥，确保大豆健壮生长。

玉米处于大喇叭口期时，种植人员要根据玉米生长情况每亩施入尿素 18 千克左右。在大豆和玉米灌溉施肥环节，建议采用滴灌和微喷带式水肥一体化技术，在满足大豆和玉米水分需求的同时，不断提高肥料利用率。

三、化学控旺

（一）大豆旺长的田间表现

在大豆生长过程中，如肥水条件较充足，特别是氮素营养过多，或密度过大，温度过高，光照不足，往往会造成地上部植株营养器官过度生长、枝叶繁茂、植株贪青、落花落荚、瘪荚多，产量和品质严重下降。

大豆旺长大多发生在开花结荚阶段，密度越大，叶片之间重叠性就越高，单位面积叶片所接收到的光照越少，导致光合速率下降，光合产物不足而减产。大豆旺长的鉴定指标及方法：从植株形态结构看，主茎过高，枝叶繁茂，通风透光性差，叶片封行，田间郁蔽；从叶片看，大豆上部叶片肥厚，颜色浓绿，叶片大小接近成人手掌，下部叶片泛黄，开始脱落；从花序看，除主茎上部有少量花序或结荚外，主茎下部及分枝的花序或荚较少、易脱落，有少量营养株（无花无荚）。

（二）常用化控药剂

目前生产中应用于大豆控旺的生长调节剂主要为烯效唑或胺鲜酯。

烯效唑是一种高效低毒的植物生长延缓剂，具有强烈的生长调节功能。它被植物叶茎组织和根部吸收进入植株后，通过木质部向顶部输送，抑制植株的纵向生长、促进横向生长，使植株变矮，一般可降低株高 15～20 厘米，分枝（分蘖）增多，茎枝变粗，同时促进茎秆中木质素的合成，从而提高抗倒性和防止旺长。烯效唑纯品为白色结晶固体，能溶于丙酮、甲醇、乙酸乙酯、氯仿和二甲基甲酰胺等多种有机溶剂，难溶于水。生产上使用的烯效唑一般是含量为5%的可湿性粉剂。烯效唑的使用通常有两种方式。一种是种子拌种，大豆种子表面虽然看似光滑，但目前使用的烯效唑可湿性粉剂颗粒极细，且黏附性较强，采用干拌种即可。播种前，将选好的种子按田块需种量称好种子后置于塑料袋或盆/桶中，按每千克种子添加5%烯效唑可湿性粉剂16~20毫克，来回抖动数次，拌种均匀后及时播种。另一种是叶面喷施，在大豆分枝期或始花期，每亩用5%烯效唑可湿性粉剂25~50克，兑水30千克喷雾使用，喷药时间选择在晴天下午，均匀喷施上部叶片即可，对生长较弱的植株、矮株不喷，药液要先配成母液再稀释使用。注意烯效唑施用剂量过多有药害，会导致植物烧伤、凋萎、生长不良、叶片畸形、落叶、落花、落荚、晚熟。

胺鲜酯主要成分为叔胺类活性物质，能促进细胞的分裂和伸长，提高植株的光合速率，调节植株体内碳氮平衡，提高大豆开花数和结荚数，结荚饱满。胺鲜酯一般选择在大豆始花期或结荚期喷施，用27.5%胺鲜·甲哌鎓水剂15~25毫升，兑水30千克，每亩喷施30~40千克，不要在高温烈日下喷洒，下午4时后喷药效果较好。喷后6小时若遇雨应减半补喷。使用不宜过频，间隔1周以上。胺鲜酯遇碱易分解，不宜与碱性农药混用。

（三）施药时期

大豆化学控旺可以分别在播种期、始花期进行，利用烯效唑可以有效抑制植株顶端优势，促进分枝发生，延长营养生长期，培育壮苗，改善株型，有利于田间通风透光，减轻玉米大豆间作种植模式中玉米对大豆的荫蔽作用，有利于解决玉米大豆间作生产中争地、争时、争光的矛盾，为获取大豆高产打下良好的基础。

1. 播种期

大豆播种前，种子用5%烯效唑可湿性粉剂拌种，可有效抑制大豆苗期节间伸长，显著降低株高，达到防止倒伏的效果，还能够增加主茎节数，提高单株荚数、百粒重和产量，但拌种处理不好会降低大豆田间出苗率，因此，一定要严格控制剂量，并且科学拌种。可在播种前 1~2 天，每千克大豆种子用 6~12 毫克 5%烯效唑可湿性粉剂拌种，晾干备用。

2. 始花期

开花期降水量增大，高温高湿天气容易使大豆旺长，造成枝叶繁茂、行间郁闭，易落花落荚。长势过旺、行间郁闭的间作大豆在始花期可叶面喷施5%烯效唑可湿性粉剂 600~800 倍液，控制节间伸长和旺长，促使大豆茎秆粗壮，降低株高，不易徒长，有效防止大豆后期倒伏影响产量和收获质量。一定要根据间作大豆的田间生长情况施药，并严格控制烯效唑的施用量和施用时间。施药应在晴天下午 4 时以后，若喷药后 2 小时内遇雨，需晴天后再喷 1 次。

四、病虫害防治

大豆玉米全生育期，根据病虫害预测或发生情况，选用相应药剂，可采用物理、生物与化学防治相结合的方法，优先选用双系统分条带喷杆喷雾机实现精准对行、对靶喷雾作业，减少浪费和污染。

五、机械化除（控）草

采取"封闭为主，封定结合"的杂草防除策略，即播后苗前土壤封闭处理和苗后定向茎叶喷药相结合，以苗前封闭除草为主，减轻苗后除草压力。

（一）封闭除草技术要点

播后苗前（播后2天内）根据不同地块杂草类型选择适宜的除草剂，使用喷杆喷雾机进行土壤封闭喷雾，喷洒均匀，在地表形成药膜。

（二）苗期除草技术要点

大豆和玉米分别为双子叶作物和单子叶作物，苗期除草应做好物理隔离，避免产生药害。优先选用自走式双系统分带喷杆喷雾机等专用植保机械，其次选用经调整改造的自走式双系统分带喷杆喷雾机，实现玉米、大豆分带同步植保作业；也可选用加装隔板（隔帘、防护罩）的普通自走式喷杆喷雾机，实现大豆、玉米分带分步植保作业。苗后玉米3~5叶期、大豆2~3片三出复叶期，根据杂草情况对大豆玉米分带定向喷施除草剂。应选择无风天气，并压低喷头，防止除草剂漂移到邻近行的大豆带或玉米带。

第七章　大豆病虫草害绿色防控防治技术

第一节　大豆病虫害综合防控技术

大豆病虫害防控要贯彻"预防为主，综合防治"的植保方针，综合运用农业防治、物理防治、生物防治，以及施用生物农药、高效低毒低残留农药的化学防治方法，保护田间天敌生物，最大限度地减少化学农药使用次数和使用量，将病虫为害控制在经济允许损失水平之下，确保农业生产、农产品质量和农田生态环境安全，尽可能降低生产成本，并协调发挥各相关部门作用，加强引导，推进绿色防控，促进农业稳定发展、农民持续增收。

一、农业防控

推广种植抗（耐）病虫、高温、倒伏等自然灾害能力强的适合机械化收获的高产、高蛋白质或者高油专用无病虫大豆品种。播前精选种子、晒种，剔除病虫粒；开展农机农艺相结合，加强田间管理，实施测土配方施肥，合理密植，加强水肥管理，培育健壮植株，提高田间通透度，增强植株抗病能力；施肥时，以农家肥、有机肥、生物菌肥为主，配合施用磷、钾肥，要做到因土、因品种施肥，分期施肥，特别注意在3片复叶期、花荚期补施有机液肥，以进一步提高大豆抗病虫能力；适时清除田边、地头杂草，做好田间杂草防除工作，铲除病虫栖息场所和寄主植物；大豆收获后，将秸秆粉碎深翻或腐熟还田，或进行集中离田处理，以减少翌年病虫基数；雨后及时排除田间积水，以降低土壤湿度、减轻病情等。

同一区域应避免大面积种植单一大豆品种，可以更好地保持生态多样性，降低病虫害的发生。

调整作物布局，合理轮作、套作、混种大豆等。与禾本科作物及其他非豆科作物等 3 年以上轮作换茬，结合套种、混种，以抑制土壤中病原物、改变农田生态小环境、减少有害物质积聚和病虫种群数量、抑制草荒，减轻病虫害的发生。对于除草剂残留发生的药害，也应该考虑轮种不敏感的作物。

合理密植，提高机播质量，适期播种。综合考虑品种特性、气候等因素，选用好的播种机械适期、适量播种，做到播种行直、下种均匀、无漏播。

二、物理防控

在田间挂设银灰色塑料膜条趋避蚜虫，或者设置防虫网阻隔防虫，也可以利用害虫的趋光、趋色习性，在成虫发生期，田间设置黑光灯、频振式杀虫灯、糖醋液、色板（黄板诱杀蚜虫、烟粉虱等）、性诱剂等，以降低田间虫源基数。其中，田间设置杀虫灯，可以对多种害虫的成虫进行诱杀；采用性诱剂诱杀时，可根据大豆田主要害虫种类，设置诱捕器 30~45 个/公顷，悬挂在高于大豆顶部 20 厘米处，每 5 天清理 1 次诱捕器，诱芯每月更换 1 次，建议选择性悬挂不同的性诱剂诱捕器，并集中连片大面积使用。

三、生物防控

尽量保护天敌生物，利用天敌防控。例如，大豆蚜虫的天敌种类较多，可以利用天敌瓢虫类、食蚜蝇、草蛉、蚜茧蜂、瘿蚊、蜘蛛等防治。赤眼蜂对大豆食心虫的寄生率较高，可以在大豆食心虫卵高峰期释放赤眼蜂 30 万~45 万头/公顷防治。

四、化学防控

1. 生物农药

生物农药低毒、低残留，通常可选用球孢白僵菌、苏云金杆菌、核型多角体病毒、多抗霉素、中生菌素、蜡质芽孢杆菌等生物药剂防治病虫害。

2. 植物生长调节剂、叶面肥

用赤·吲乙·芸苔等具有植物免疫诱抗生长的制剂，进行大豆种子包衣或拌种，或者混配营养、生物型叶面肥进行种子处理或在生长期喷雾，可以提高大豆抗逆性（缓解药害、干旱等）及抗病虫害能力，促进植株健壮生长，增加产量和改善品质。

第二节　大豆常见病害的防治技术

一、大豆霜霉病

（一）主要症状

大豆霜霉病，在气温冷凉地区发生普遍，多雨年份病情加重。叶部发病可造成叶片提早脱落或凋萎，种子霉烂，千粒重下降，发芽率降低。该病为害幼苗、叶片、豆荚及籽粒。最明显的症状是在叶反面有霉状物（图 7-1）。病原为东北霜霉，属于鞭毛菌亚门真菌。成株期感病多发生在开花后期。

（二）发生规律

最适发病温度为 20~22℃。湿度也是重要的发病条件，7 月

图7-1　大豆霜霉病叶片

至8月多雨高湿易引发病害，干旱、低湿、少露则不利于病害发生。

（三）防治方法

①选用抗病能力较强的品种。

②轮作。针对该菌卵孢子可在病茎、叶上残留，在土壤中越冬，实行轮作，减少初侵染源。

③选用无病种子。

④种子药剂处理。播种前用种子重量0.3%的90%三乙膦酸铝可溶粉剂或35%甲霜灵可湿性粉剂拌种。

⑤加强田间管理。中耕时注意铲除被侵染的病苗，减少田间侵染源。

⑥药剂防治。25%甲霜灵可湿性粉剂25～30克，兑水15千克喷雾。

二、大豆灰斑病

（一）主要症状

大豆灰斑病又叫斑点病、蛙眼病，为低洼易涝区主要病害。

大豆叶片出现"蛙眼"状斑，是大豆灰斑病的主要症状，该病为害大豆的叶、茎、荚、籽粒，但对叶和籽粒的为害最为严重，受害叶片可布满病斑（图7-2），造成叶片提早枯死。病原为大豆尾孢，属于半知菌亚门。一般在6月上中旬叶片开始发病，7月中旬进入发病盛期。

图7-2　大豆灰斑病受害叶片

（二）发生规律

大豆灰斑病病菌侵染温度范围为15～32℃，最适宜温度为25～28℃。在适宜温度下接种保湿2小时即可侵入。7—8月多雨高温（湿度＞80%）可造成病害流行。高密植、多杂草发病严重。

（三）防治方法

1. 农业措施

选用抗病品种、合理轮作避免重茬，收获后及时深翻；合理密植，及时清沟排水。

2. 种子处理

用60%多福合剂按用种量的0.4%拌种，亦可用种子重0.3%的50%福美双可湿性粉剂或50%多菌灵可湿性粉剂拌种。

3. 药剂防治

叶片发病后及时打药防治，最佳防治时期是大豆开花结荚期。发病初期用 70% 甲基硫菌灵可湿性粉剂 500~1 000 倍液、50% 多菌灵可湿性粉剂 500~1 000 倍液或 3% 多抗霉素 600 倍液喷雾防治，每隔 7~10 天喷 1 次，连续喷 2~3 次。也可用 50% 甲基硫菌灵可湿性粉剂 600~700 倍液，隔 10 天左右 1 次，防治 1 次或 2 次。喷药时间要选在晴天上午 6—10 时，下午 3—7 时，喷后遇雨要重喷。

三、大豆根腐病

（一）主要症状

大豆根腐病是大豆苗期根部真菌病害的统称。大豆在整个生长发育期均可感染根腐病，造成苗前种子腐烂，苗后幼苗猝倒和植株枯萎死亡（图 7-3）。苗期发病影响幼苗生长甚至造成死苗，使田间保苗数减少。成株期由于根部受害，影响根瘤的生长与数量，造成地上部生长发育不良以致矮化，影响结荚数与粒重，从

图 7-3 大豆根腐病受害植株

而导致减产。

（二）发生规律

连阴雨后或大雨过后骤然放晴，气温迅速升高；或时晴时雨、高温闷热天气易发病。最易感病温度为 24~28℃。

（三）防治方法

①选用抗病品种。

②合理轮作。因大豆根腐病主要是土壤带菌，与玉米、麻类作物轮作能有效预防大豆根腐病。

③加强田间管理，及时翻耕，平整细耙，雨后及时排除积水防止湿气滞留，可减轻大豆根腐病的发生。

④药剂防治。35%多·福·克悬浮种衣剂，按说明用量拌种包衣。用 70%噁霉灵可湿性粉剂 1 000~2 000 倍液或 50%多菌灵可湿性粉剂 800~1 000 倍液喷雾防治。

四、大豆锈病

（一）主要症状

大豆锈病是大豆的重要病害，主要为害大豆叶片，也可侵染叶柄和茎。初期出现黄褐色病斑，随后逐步扩展叶片背面，稍隆起，出现孢子堆，表皮破裂后散出棕褐色粉末，导致叶片早枯（图 7-4）。生长发育后期，在孢子堆周围形成黑褐色多角形稍隆起的冬孢子堆。

（二）发生规律

以秋大豆发病较重，特别在雨季气候潮湿时发病严重。大豆锈病病菌以夏孢子越冬和越夏，主要通过夏孢子进行传播，侵染大豆和其他寄生植物。夏孢子落在大豆叶片上萌发长出芽管，以芽管直接穿透角质层侵入或从气孔侵入。侵染大豆后，进行多次再侵染，并可通过气流传播至各地。全国大豆锈病发病期：冬大

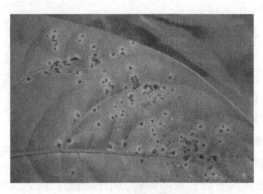

图 7-4 大豆锈病受害叶片

豆 3—5 月，春大豆 5—7 月，夏大豆 8—10 月，秋大豆 9—11 月。

（三）防治方法

1. 茬口轮作

与其他非豆科作物实行 2 年以上轮作。

2. 清洁田园

收获后及时清除田间病残体，带出地外集中烧毁或深埋，深翻土壤，减少土表越冬病菌。

3. 加强田间管理

深沟高畦栽培，合理密植，科学施肥，及时整枝；开好排水沟系，使雨后能及时排水。

4. 药剂防治

在发病初期开始喷药，每隔 7～10 天喷 1 次，连续喷 1～2次。药剂可选用 43%戊唑醇悬浮剂 4 000～6 000倍液、40%氟硅唑乳油 6 000～7 000倍液、80%代森锰锌可湿性粉剂 800 倍液或 15%三唑酮可湿性粉剂 1 000倍液等。

五、大豆细菌性斑点病

（一）主要症状

大豆细菌性斑点病是大豆细菌性病害的统称，包括细菌斑点病、细菌叶烧病和细菌角斑病，一般以细菌斑点病为害较重。主要为害叶片，也为害幼苗、叶柄、豆荚和籽粒。为害幼苗时，子叶出现褐色斑，呈半圆形或近圆形。为害叶片时，初期出现褪绿色水浸状不规则形小点，后迅速扩展变成多角形病斑，病斑中间深褐色至黑褐色，边缘还伴有褪绿晕圈，造成枯死（图7-5）。为害茎部时，初期出现暗褐色水渍状长条形病斑，后扩展变为不规则状，稍凹陷。荚和籽粒染病生暗褐色条斑。

图7-5　大豆细菌性斑点病受害叶片

（二）发生规律

为世界性发生病害，尤其在冷凉、潮湿的气候条件下发病多，干热天气则阻止发病。

（三）防治方法

1. 农业措施

与禾本科作物进行3年以上轮作；施用充分沤制的堆肥或腐

熟的有机肥；调整播期，合理密植，收获后清除田间病残体，及时深翻，减少越冬病源数量；及时拔出病株，深埋处理，用2%宁南霉素水剂250~300倍液喷洒，视病情每隔7天喷施1次，共2~3次。

2. 药剂防治

播种前用种子重量0.3%的50%福美双可湿性粉剂拌种。发病初期喷洒，可用下列药剂：90%新植霉素可溶性粉剂3 000~4 000倍液、30%碱式硫酸铜悬浮剂400倍液、30%琥胶肥酸铜可湿性粉剂500~800倍液、47%春雷·王铜可湿性粉剂600~1 000倍液、12%松脂酸铜乳油600倍液或1∶1∶200波尔多液，均匀喷雾，每隔10~15天喷1次，视病情可喷1~3次。

六、大豆病毒病

（一）主要症状

一般大豆病毒侵染大豆后，植株正常营养生长受到破坏，表现为叶片黄化、皱缩（图7-6），植株矮小、茎枯，单株荚数减少甚至不结荚，籽粒出现褐斑，严重影响大豆的产量与品质。流

图7-6 大豆病毒病受害叶片

行年份造成大豆减产25%左右，严重时减产95%。

（二）发生规律

大豆病毒病一般都是土壤传播，很容易在重茬田地发生。病毒主要吸附在豆类作物种子上越冬，也可在越冬豆科作物上或随病株残余组织遗留在田间越冬。播种带毒种子，出苗后即可发病，生长期主要通过蚜虫、飞虱传毒，也可通过植株间汁液接触等传播。

（三）防治方法

1. 农业防治

（1）种子处理　播种前严格选种，清除褐斑粒。适时播种，使大豆在蚜虫盛发期前开花。苗期拔除病苗，及时防治蚜虫，加强田间管理，培育壮苗，提高品种抗病能力。

（2）选育推广抗病毒品种　由于大豆花叶病毒以种子传播为主，且品种间抗病能力差异较大，又由于各地花叶病毒生理小种不一，同一品种种植在不同地区其抗病性也不同，因此，应在明确该地区花叶病毒的主要生理小种基础上选育和推广抗病品种。

（3）建立无病种子田　侵染大豆的病毒，很多是通过种子传播的，因此，种植无病毒种子是最有效的防治途径之一。建立无毒种子田要注意两点：一是种子田四周100米范围内无病毒寄主植物；二是种子田出苗后要及时清除病株，开花前再拔除1次病株，经3~4年种植即可得到无毒源种子。一级种子的种传率低于0.1%，商品种子（大田用种）种传率低于1%。

（4）加强种子检疫管理　我国大豆分布广泛，播种季节各不相同，形成的病毒株有差异。品种交换及种子销售均可能引入非本地病毒或非本地的病毒株系，形成各种病毒或病毒株的交互感染，从而导致多病毒病流行。因此，种子生产及种子管理部门必须提供种传率低于1%的无毒种子，种子管理部门和检疫部门应严格把关。

2. 防治蚜虫

大豆病毒大多由蚜虫传播，大豆种子田用银膜覆盖或将银膜条间隔插在田间，起避蚜、驱蚜作用，田间发现蚜虫要及时用药剂防治。在迁飞前喷药效果最好，可选用50%抗蚜威可湿性粉剂2 000倍液、2.5%溴氰菊酯乳油2 000~4 000倍液、2.5%高效氯氟氰菊酯乳油1 000~2 000倍液、2%阿维菌素乳油3 000倍液、3%啶虫脒乳油1 500倍液、10%吡虫啉可湿性粉剂2 500倍液等于叶面喷施防治。

3. 化学防治

在发病重的地区可在发病初期喷洒一些防治病毒病的药剂，以提高大豆植株的抗病性，可选用0.5%菇类蛋白多糖水剂300倍液、40%混合脂肪酸水乳剂100倍液、20%吗胍·乙酸铜可湿性粉剂500倍液、5%菌毒清水剂400倍液，或用2%宁南霉素水剂100~150毫升/亩，兑水40~50千克喷雾防治，每隔10天喷1次，连喷2~3次。

七、大豆孢囊线虫病

大豆孢囊线虫病又称大豆根线虫病、萎黄线虫病，俗称"火龙秧子"。

(一) 主要症状

在大豆整个生育期均可发生，主要是根部。染病根系不发达，侧根显著减少，细根增多，不结根瘤或稀少。地上部植株矮小、子叶和真叶变黄、花芽簇生、节间短缩，开花期延迟，不能结荚或结荚少。重病株花及嫩荚枯萎，整株叶由下向上枯黄似火烧状，严重者全株枯死。

（二）发生规律

影响大豆孢囊线虫病发病的因素以温度、湿度影响最明显。大豆孢囊线虫发育最适温度为 17~18℃，10℃ 以下和 35℃ 以上幼虫不能发育为成虫；最适土壤湿度为 60%~80%，孢囊对低温、干旱耐力强。碱性土壤最适宜线虫的生活繁殖，pH 值小于 5 时，线虫几乎不能繁殖。通气良好的砂土、砂壤土及干旱瘠薄的土壤也适于线虫的生长发育。轮作与发病程度有密切关系。连作大豆，线虫数量迅速增加，而种植一季非寄主作物后，线虫数量便急剧减少。

（三）防治方法

1. 选用抗病品种

不同的大豆品种对大豆孢囊线虫有不同程度的抵抗能力，应用抗病品种是防治大豆孢囊线虫病的经济有效措施，目前生产上已推广有抗线虫和较耐线虫品种。

2. 合理轮作

与玉米轮作，孢囊量下降 30% 以上，是行之有效的农业防治措施，此外要避免连作、重茬，做到合理轮作。

3. 搞好种子检疫

杜绝带线虫的种子进入无病区。

4. 药剂防治

可用含有杀虫剂的 35% 多·福·克悬浮种衣剂拌种，然后播种。还可用 200 亿 CFU/克苏云金杆菌 HAN055 可湿性粉剂，用药量 3 000~5 000 g/亩，采用药剂混土沟施的方法在大豆播种前 1 次施药。

八、大豆菌核病

大豆菌核病又称白毛病。

（一）主要症状

1. 初期症状

茎部发生褐色病斑，上生白色棉絮状菌丝体及白色颗粒状物（图7-7）。

2. 中后期症状

病株枯死后呈灰白色，茎中空皮层呈麻丝状。

图7-7　大豆菌核病受害茎部

（二）发生规律

田间菌核数量是影响该病发生程度的最重要因子，其次是环境因素。在大豆开花期土表温度高、空气湿度大、降水量大，易于发病。

（三）防治方法

1. 轮作倒茬

和禾本科作物进行轮作3年以上，可以减少田间病菌的数量，能很好地起到预防效果。

2. 选择抗病性品种

选择抗病性较强的品种进行播种，可以大大降低感染该病害的概率。

3. 清除病残体

田间掉落的叶片、茎秆或豆荚等病残体，要及时清理出田外，有效破坏病菌的生存空间，减少病菌的数量。但注意清除工作最好等到大豆收获后进行。

4. 注意排水

当遇到连阴雨天气，田间有积水时，要及时进行排水，尤其是低洼的地块，不能让田间长时间有积水，以减少病害的发生和为害。

5. 喷药防治

病害发生后，结合气候条件，加强病情调查，及时药剂防治是生产上比较有效的控制措施。大豆菌核病病菌子囊盘发生期与大豆开花期的重叠盛期是大豆菌核病的防治适期。喷施40%菌核净可湿性粉剂1 000倍液、50%异菌脲可湿性粉剂1 200倍液或50%多菌灵可湿性粉剂500倍液，用药量600千克/公顷。

九、大豆纹枯病

（一）主要症状

大豆纹枯病是普遍发生的一种病害，可造成大豆落叶、植株枯死和豆粒腐烂。在7—8月可见大豆田成垄或多个植株接连发病，使植株大部分叶片表现出症状。

（二）发生规律

大豆纹枯病是一种在高温、高湿条件下才发生的病害。高温多雨、大豆田积水或种植过密、通风不良，容易引起大豆纹枯病的发生；与水稻轮作或种植在水稻田埂上的大豆易发病。

（三）防治方法

1. 农业防治

在可能的条件下选用抗病品种。合理密植，但避免种植过密。秋后及时清理病株残体和实行土地深翻，减少菌源。避免重茬，避免与水稻轮作，及时排除田间积水。

2. 化学防治

发病初期，可选用 2.4% 井冈霉素水剂 800 ~ 1 000 倍液、50% 菌核净乳油 300 ~ 500 倍液、70% 甲基硫菌灵可湿性粉剂 800 倍液或 20% 甲基立枯磷乳油 1 200 倍液等喷雾防治，连续 2 次，每次间隔 1 周。

十、大豆白粉病

（一）主要症状

大豆白粉病主要为害叶片，叶上斑点圆形，具黑暗绿色晕圈。逐渐长满白色粉状物（图 7-8），后期在白色粉状物上产生黑褐色球状颗粒物。

图 7-8　大豆白粉病

（二）发生规律

病原为紫云英单丝壳菌，属子囊菌亚门真菌。温度 15 ~ 20℃ 和相对湿度大于 70% 的天气条件有利于病害发生。

（三）防治方法

1. 农业防治

选用抗病品种，收获后及时清除病残体，集中深埋或烧毁。

2. 化学防治

发病初期，可选用15%三唑酮可湿性粉剂500～1 000倍液、12.5%烯唑醇可湿性粉剂1 000～1 500倍液、25%丙环唑乳油2 000～2 500倍液、40%氟硅唑乳油6 000～8 000倍液、70%甲基硫菌灵可湿性粉剂+75%百菌清可湿性粉剂1 000～1 500倍液等喷雾防治。

十一、大豆立枯病

（一）主要症状

大豆立枯病，俗称死棵、黑根病。病害严重年份，轻病田死株率为5%～10%，重病田死株率达30%以上，个别田块甚至全部死光，造成绝产。该病仅在苗期发生，主要为害幼苗和幼株。幼苗发病，主根和靠地面的茎基部形成红褐色略显凹陷的病斑，局部缢缩，皮层开裂呈溃疡状（图7-9）。严重时包围全茎，使基部变褐、缢缩，幼苗折倒死亡；轻病株仍能缓慢生长，但植株矮小，地上部矮黄。

（二）发生规律

病菌以菌丝体的形式在土壤或病残体上越冬，在翌年成为初次侵染源，且多发生在苗期与芽期，也可由种子进行传播，发霉变质、质量较差的种子发病严重。在连作的地块发病较为严重，种子可带菌传播，与种子的发芽势较低、抗病性衰退有关。同时播种时间较早，幼苗在田间的生长期过长，发病较为严重。用病残株沤肥如果未充分腐熟，病害发生较为严重。地下虫害多、土壤贫瘠、缺少肥水时，大豆长势较差，易引发病症。

图7-9　大豆立枯病植株枯死症状

（三）防治方法

1. 农业防治

选用抗病品种。与禾本科作物实行 3 年轮作。选用排水良好、干燥地块种植大豆。低洼地采用垄作或高畦深沟种植，合理密植，防止地表湿度过大，雨后及时排水。施用石灰调节土壤 pH 值，使土壤微显碱性，具体方法是每亩施用生石灰 50~100 千克。

2. 药剂拌种

用种子量 0.3% 的 40% 甲基立枯磷乳油、50% 福美双可湿性粉剂、50% 多菌灵可湿性粉剂或 50% 甲基硫菌灵可湿性粉剂拌种。

3. 化学防治

发病初期可选用 40% 三乙膦酸铝可湿性粉剂 200 倍液或 25% 多菌灵可湿性粉剂 500 倍液灌根防治；或选用 70% 乙磷·锰锌可湿性粉剂 500 倍液、58% 甲霜·锰锌可湿性粉剂 500 倍液、69% 烯酰·锰锌可湿性粉剂 1 000 倍液、20% 甲基立枯磷乳油 1 200 倍液、50% 多菌灵可湿性粉剂 800~1 000 倍液或 64% 噁霜·锰锌可湿性粉剂 500 倍液等喷雾防治，隔 10 天左右喷 1 次，连续防治

2~3 次，并做到喷匀喷足。

十二、大豆叶斑病

（一）主要症状

主要为害叶片，初生褐色至灰白色不规则形小斑，后中间变为浅褐色，四周深褐色，病、健部界线明显（图 7-10）。最后病斑干枯，其上可见小黑点。

图 7-10　大豆叶斑病叶片症状

（二）发生规律

病菌以子囊壳在病残组织里越冬，成为翌年初侵染源。大豆叶斑病在秋大豆上发生较多，多发生在生育后期，导致早期落叶，个别年份发病重。

（三）防治方法

1. 农业防治

实行 3 年以上轮作，尤其是水旱轮作。收获后及时清除病残体，集中深埋或烧毁，并深翻土壤。

2. 药剂防治

田间发现病情及时施药防治，发病初期，可选用70%甲基硫菌灵可湿性粉剂 600～700 倍液、50%甲硫·福美双可湿性粉剂 1 000倍液、77%氢氧化铜可湿性粉剂 600 倍液、50%多菌灵可湿性粉剂 800 倍液+50%福美双可湿性粉剂 500 倍液、70%甲基硫菌灵可湿性粉剂 600～800 倍液+70%代森锰锌可湿性粉剂 500～600 倍液、50%腐霉利可湿性粉剂 800 倍液+75%百菌清可湿性粉剂 800 倍液、50%咪鲜胺锰盐可湿性粉剂 1 000～2 000倍液等喷雾防治，每亩用药液 40～50 千克，视病情间隔 7～10 天喷 1 次，连续防治 2～3 次。

十三、大豆疫病

（一）主要症状

大豆疫病是我国对外一类检疫对象。我国仅局部地区有发生。为害植株的根、茎、叶及豆荚，可引起根腐、茎腐、植株矮化、枯萎和死亡等症状（图7-11）。

图7-11 大豆疫病受害植株

（二）发生规律

病原为大豆疫霉，属卵菌，为典型的土传病害。在低温多湿的环境条件下易发病，土壤黏重或重茬地发病重。

（三）防治方法

1. 农业防治

选用抗（耐）病品种。早播、少耕、窄行、使用除草剂等都能使病害加重，降低土壤渗水性、通透性的措施也会加重大豆疫病的发生，减少土壤水分、增加土壤通透性、降低病菌来源的耕作栽培措施可以减轻大豆疫病的发生程度。所以，栽培大豆应避免种植在低洼、排水不良或重黏土地，并要加强耕作，防止土壤板结，增加水的渗透性；避免连作，在发病田用不感病作物轮作4年以上可能减轻发病。

土壤湿度是影响大豆疫病的关键因素之一。土壤的松密度也与病害的严重程度呈正相关关系，所以采用平地垄作或顺坡开垄种植田间耕作或采用小型农机使雨后田间排水通畅等都对防治大豆疫病有利。对发病地块或地区，要及时拔除病株，集中销毁处理，并采取有效措施，实施轮作。发生区的农业机械外出作业要进行消毒。严重地块可改种水田。

2. 严格执行检疫制度

因大豆疫病是通过种子及种子上所带的土壤传播，所以不要从疫区引种。

3. 种子处理

应用药剂拌种防治该病害效果明显，是一项行之有效的防治措施，用种子重量0.3%的35%甲霜灵可湿性粉剂、72%霜脲·锰锌可湿性粉剂、58%甲霜·锰锌可湿性粉剂或69%烯酰·锰锌可湿性粉剂拌种，随拌随种。

4. 化学防治

必要时可选用25%甲霜灵可湿性粉剂800倍液、58%甲霜·

锰锌可湿性粉剂 600 倍液、64%噁霜·锰锌可湿性粉剂 500 倍液、72%霜脲·锰锌可湿性粉剂 700 倍液、69%烯酰·锰锌可湿性粉剂 900 倍液、70%甲霜·福美双可湿性粉剂 500 倍液或52.5%噁酮·霜脲氰水分散粒剂 2 000 倍液等喷洒或浇灌防治，隔 7 天喷洒或浇灌 1 次，共 3 次。

十四、大豆荚枯病

（一）主要症状

大豆荚枯病是大豆的重要病害之一，主要为害豆荚、豆粒，造成荚枯和粒腐，病荚不结实，有的虽可结荚，但品质变差，病粒腐烂，不发芽，丧失食用价值（图 7-12）。

图 7-12 大豆荚枯病病荚

（二）发生规律

该病一般在生长后期发生。病原为豆荚大茎点霉菌，属于半知菌亚门。连阴雨天气多的年份发病重，南方在 8—10 月、北方在 8—9 月易发病。

(三) 防治方法

1. 农业防治

建立无病留种田, 选用无病种子。发病重的地区实行 3 年以上轮作。及时排除田间积水。合理密植, 保持田间通风透光。收获后及时清除病残体或深翻土地, 减少菌源。

2. 种子处理

用种子重量 0.3% 的 50% 福美双可湿性粉剂或 40% 拌种双可湿性粉剂拌种。

3. 化学防治

结荚期多雨时, 用 1 : 1 : 160 的波尔多液、75% 百菌清可湿性粉剂 600 倍液、50% 甲基硫菌灵可湿性粉剂 600 倍液、36% 多菌灵悬浮剂 500 倍液、25% 嘧菌酯悬浮剂 1 000 ~ 2 000 倍液或 50% 咪鲜胺锰盐可湿性粉剂 1 000 ~ 2 000 倍液等喷雾防治。

也可选用混剂 50% 噻菌灵可湿性粉剂 600 ~ 800 倍液 +75% 百菌清可湿性粉剂 800 ~ 1 000 倍液、70% 甲基硫菌灵可湿性粉剂 600 ~ 800 倍液 +70% 代森锰锌可湿性粉剂 500 ~ 600 倍液、50% 腐霉利可湿性粉剂 800 倍液 +75% 百菌清可湿性粉剂 800 倍液或 50% 异菌脲可湿性粉剂 800 倍液 +50% 福美双可湿性粉剂 500 倍液等喷雾防治, 每亩用药液 40 千克, 视病情间隔 7 ~ 10 天喷施 1 次, 连续防治 2 ~ 3 次。

十五、大豆赤霉病

(一) 主要症状

大豆赤霉病又称大豆粉霉病, 是大豆的重要病害, 分布广泛。主要为害大豆豆荚、籽粒和幼苗子叶。豆荚染病, 病斑近圆形至不整形块状, 发生在边缘时呈半圆形略凹陷斑, 湿度大时, 病部生出粉红色或粉白色霉状物 (图 7-13), 即病菌分生孢子或黏分生孢子团。严重的豆荚裂开，豆粒被菌丝缠绕，表生粉红色霉状物。

图7-13　大豆赤霉病病荚

（二）发生规律

一般年份发病较轻，少量豆荚受害，轻度影响生产。发病严重地块和多雨年份，显著降低大豆产量和品质。病原菌为粉红镰孢和尖镰孢，属于半知菌亚门。大豆结荚期温度高、湿度大，则病害严重。

（三）防治方法

1. 种子处理

精选良种，清除霉种，并用种子重量0.3%的40%多菌灵可湿性粉剂、40%拌种双可湿性粉剂或50%福美双可湿性粉剂拌种。

2. 农业防治

实行轮作。收获后深翻土地。生长季节及时排除田间积水，降低温度。注意避免过于密植。种子入库前要充分晒干，注意库内温湿度。

3. 化学防治

必要情况下，在田间发病初期可喷施50%苯菌灵可湿性粉剂

1 500倍液，每亩喷兑好的药液50升，间隔10~15天喷1次，共喷2次即可。

十六、大豆紫斑病

（一）主要症状

主要为害豆荚和豆粒，也为害叶和茎。苗期染病，子叶上产生褐色至赤褐色圆形斑，云纹状。真叶染病初生紫色圆形小点，散生，扩展后形成多角形褐色或浅灰色斑。茎秆染病形成长条状或梭形红褐色斑，严重的整个茎秆变成黑紫色，上生稀疏的灰黑色霉层。豆粒染病形状不定，大小不一，仅限于种皮，不深入内部，症状因品种及发病时期不同而有较大差异，多呈紫色，有的呈青黑色，在脐部四周形成浅紫色斑块，严重的整个豆粒变为紫色，有的龟裂（图7-14，图7-15）。

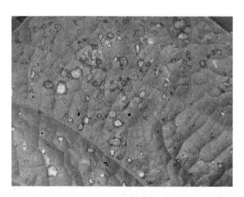

图7-14 大豆紫斑病病叶圆形紫红色斑点

（二）发生规律

病菌以菌丝体潜伏在种皮内或以菌丝体和分生孢子在病残体中越冬，成为翌年的初侵染源。如播带菌种子，引起子叶发病，病苗或叶片上产生的分生孢子借风雨传播进行初侵染和再侵染。

图7-15　大豆紫斑病茎红褐色中间带黑

大豆开花期和结荚期多雨，气温偏高，均温 25.5～27.0℃，发病重；高于或低于这个温度范围发病轻或不发病。连作地及早熟品种发病重。

（三）防治方法

1. 农业防治

选用抗病品种，生产上抗病毒病的品种较抗紫斑病。大豆收获后及时进行秋耕，以加速病残体腐烂，减少初侵染源。与禾本科或其他非寄主作物轮作 2 年，可减轻发病。适时播种，合理密植，清沟排湿，防止田间湿度过大等都有利于减轻病害发生。

2. 种子处理

带菌种子是发病初侵染来源之一，播前种子应进行处理，消灭种子上的病菌，既减轻幼苗被害又可减少田间菌源量。紫斑病豆粒症状明显，可根据病害在种子上的特征，人工拣出病粒，然后用药剂对种子进行消毒，可用种子重量 0.3% 的 50% 福美双可湿性粉剂或 50% 克菌丹可湿性粉剂拌种。

3. 化学防治

在开花始期、蕾期、结荚期、嫩荚期各喷 1 次 30% 碱式硫酸铜悬浮剂 400 倍液、1∶1∶160 倍式波尔多液、36%甲基硫菌灵悬浮剂 500 倍液、50%苯菌灵可湿性粉剂 1 500 倍液、75%百菌清可湿性粉剂 2 000 倍液、65%代森锰锌可湿性粉剂 500～600 倍液或 75%异菌·多·锰锌可湿性粉剂 600～800 倍液等喷雾防治。

可选用混剂 50%多菌灵可湿性粉剂 800 倍液+65%代森锌可湿性粉剂 600 倍液、70%甲基硫菌灵可湿性粉剂 800 倍液+80%代森锰锌可湿性粉剂 500～600 倍液或 50%苯菌灵可湿性粉剂 2 000倍液+70%丙森锌可湿性粉剂 800 倍液等，每亩喷兑好的药液 55 升左右。连续喷 2 次，每次间隔 10 天左右。采收前 3 天停止用药。

十七、大豆炭疽病

（一）主要症状

从苗期至成熟期均可发病。主要为害茎及荚，也为害叶片或叶柄。茎部染病：初生褐色病斑，其上密布呈不规则排列的黑色小点。荚染病：小黑点呈轮纹状排列，病荚不能正常发育。苗期子叶染病：现黑褐色病斑，边缘略浅，病斑扩展后常出现开裂或凹陷；病斑可从子叶扩展到幼茎上，致病部以上枯死。叶片染病：边缘深褐色，内部浅褐色。叶柄染病：病斑褐色，呈不规则排列（图 7-16，图 7-17）。

（二）发生规律

病菌在大豆种子和病残体上越冬，翌年播种后即可发病，发病适温为 25℃。病菌在 12℃ 以下或 35℃ 以上不能发育。生产上苗期低温或土壤过分干燥，大豆发芽出土时间延迟，容易造成幼苗发病。成株期温暖潮湿条件有利于该菌侵染。

（三）防治方法

1. 农业防治

选用抗病品种或无病种子，保证种子不带病菌。播前精选种

图 7-16 大豆炭疽病病株

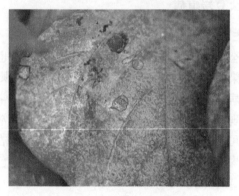

图 7-17 大豆炭疽病病叶

子，淘汰病粒。合理密植，避免施氮肥过多，提高植株抗病能力。加强田间管理，及时深耕及中耕培土。雨后及时排除田间积水防止湿气滞留。收获后及时清除田间病株残体或实行土地深翻，减少菌源。提倡实行 3 年以上轮作。

2. 种子处理

播前用 50% 多菌灵可湿性粉剂或 50% 异菌脲可湿性粉剂，按种子重量 0.5% 的用量拌种。或用 400 克/升萎锈·福美双悬浮剂 250 毫升拌 100 千克种子；或用 50% 福美双可湿性粉剂按种子重量的 0.3% 拌种；或用 70% 丙森锌可湿性粉剂按种子重量的 0.4% 拌种；或用种子重量 0.3% 的 40% 拌种双可湿性粉剂拌种。拌后闷 3~4 小时后播种。

3. 化学防治

在大豆开花期及时喷洒药剂保护种荚不受害。可选用 50% 甲基硫菌灵可湿性粉剂 600 倍液、1∶1∶200 波尔多液、50% 多菌灵可湿性粉剂 600 倍液、75% 百菌清可湿性粉剂 800 倍液、50% 咪鲜胺可湿性粉剂 1 000~1 500 倍液、10% 苯醚甲环唑水分散粒剂 2 000~3 000 倍液、25% 溴菌腈可湿性粉剂 500 倍液或 47% 春雷·王铜可湿性粉剂 600 倍液等喷雾防治。

也可选用混剂 25% 多菌灵可湿性粉剂 500~600 倍液+75% 百菌清可湿性粉剂 800~1 000 倍液、25% 溴菌腈可湿性粉剂 2 000~2 500 倍液+80% 福·福锌可湿性粉剂 800~1 000 倍液、70% 甲基硫菌灵可湿性粉剂 800 倍液+70% 丙森锌可湿性粉剂 600~800 倍液等喷雾防治。

十八、大豆黑斑病

（一）主要症状

大豆黑斑病病菌主要侵染叶片，但也能侵染豆荚。症状主要表现为叶上病斑圆形至椭圆形，直径 3~6 毫米，褐色，具同心轮纹，上生黑色霉层（病菌的分生孢子梗和分生孢子），常一片叶上散生几个至十几个病斑，但未见叶片因受害导致枯死脱落的；荚上生圆形或不规则形黑斑，密生黑色霉层，常因荚皮破裂侵染豆粒（图 7-18）。

（二）发生规律

高温多雨天气易发病。在大豆植株受机械损伤、昆虫为害和

图7-18　大豆黑斑病病荚

其他病害造成伤口后，大豆黑斑病病菌常常作为次级侵染病原物从伤口侵入，侵害大豆叶片，因此，在大豆生育后期较易发病。

（三）防治方法

1. 种子消毒

播种前进行种子处理，可选用种子重量0.4%的50%异菌脲可湿性粉剂或80%代森锰锌可湿性粉剂拌种。

2. 农业防治

收获后及时清除病残体，集中深埋或烧毁，重病田实行水旱轮作。

3. 化学防治

发病初期，可选用80%代森锰锌可湿性粉剂500~600倍液、58%甲霜·锰锌可湿性粉剂500倍液、75%百菌清可湿性粉剂600倍液、50%噻菌灵可湿性粉剂600~800倍液、50%异菌脲可湿性粉剂600~800倍液、50%腐霉利可湿性粉剂1 000倍液、36%甲基硫菌灵悬浮剂600倍液、25%丙环唑乳油2 000~3 000倍液、25%咪鲜胺乳油1 000~2 000倍液、50%咪鲜胺锰盐可湿性粉剂1 000~2 000倍液、64%噁霜·锰锌可湿性粉剂500倍液或 30%碱式硫酸铜悬浮剂 300 倍液等喷雾防治，7~10 天喷 1 次，连续防治 2~3 次。

棚室栽培可在发病初期采用粉尘法防治，喷撒 5%百菌清粉尘剂，每亩每次喷 1 千克，隔 9 天喷 1 次，连喷 3~4 次；或用 45%百菌清烟剂或 10%腐霉利烟剂，每亩每次喷 200~250 克。

第三节　大豆常见虫害的防治技术

一、大豆蚜

大豆蚜是大豆的重要害虫，以成虫或若虫为害。

（一）形态特征

1. 有翅孤雌蚜

体长 1.2~1.6 毫米，长椭圆形，头、胸黑色，额瘤不明显，触角长 1.1 毫米；腹部圆筒状，基部宽，黄绿色，腹管基半部灰色，端半部黑色，尾片圆锥形，具长毛 7~10 根，臀板末端钝圆，多毛。

2. 无翅孤雌蚜

体长 1.3~1.6 毫米，长椭圆形，黄色至黄绿色，腹部第一、第七节有锥状钝圆形突起；额瘤不明显，触角短于躯体，第四、第五节末端及第六节黑色，第六节鞭部为基部长的 3~4 倍，尾片圆锥状，具长毛 7~10 根，臀板具细毛。

（二）为害症状

集中于植株顶叶、嫩叶和嫩茎（图 7-19），吸食大豆嫩枝叶的汁液，造成大豆茎叶卷曲皱缩，根系发育不良，分枝结荚减少。此外，大豆蚜还可传播病毒病。

（三）发生规律

以成虫和若虫为害。6 月下旬至 7 月中旬进入为害盛期。

图7-19　大豆蚜为害叶片

（四）防治方法

1. 苗期预防

用35%伏杀硫磷乳油100~120毫升，兑水40~60千克喷雾，对大豆蚜控制效果显著而不伤天敌。

2. 生育期防治

根据虫情调查，在卷叶前施药。用20%氰戊菊酯乳油2 000倍液，在蚜虫高峰前始花期均匀喷雾，喷药量每亩20千克；或者用15%吡虫啉可湿性粉剂2 000倍液喷雾，喷药量每亩20千克。

二、大豆食心虫

大豆食心虫俗称小红虫。

（一）形态特征

1. 成虫

体长5~6毫米，翅展12~14毫米，黄褐色至暗褐色。前翅前缘有10条左右黑紫色短斜纹，外缘内侧中央银灰色，有3个纵列紫斑点。雄蛾前翅色较淡，腹部末端较钝。雌蛾前翅色较深，腹部末端较尖。

2. 幼虫

体长 8~10 毫米，初孵时乳黄色，老熟时变为橙红色。

（二）为害症状

以幼虫蛀入豆荚咬食豆粒为主（图 7-20）。

图 7-20　大豆食心虫咬食豆粒

（三）发生规律

每年发生 1 代，以老熟幼虫在地下结茧越冬。翌年 7 月中下旬向土表移动化蛹，成虫在 8 月羽化，幼虫孵化后蛀入豆荚为害。7—8 月降水量较大、湿度大，虫害易发生。连作大豆田虫害较重。大豆结荚盛期如与成虫产卵盛期相吻合，受害严重。

（四）防治方法

①选用抗虫品种。

②合理轮作，秋天深翻地。

③药剂防治。施药关键期在成虫产卵盛期的 3~5 天后。可喷施 2% 阿维菌素 3 000 倍液或 25% 灭幼脲 1 500 倍液。其他药剂

如敌百虫、S-氯氰菊酯、溴氰菊酯等，在常用浓度范围内均有较好的防治效果。在食心虫发蛾盛期，用80%敌敌畏乳油制成杆熏蒸，每亩用药100克，或用25克/升溴氰菊酯乳油，每亩用量20~30毫升，兑水30~40千克喷施，效果好。

三、大豆红蜘蛛

大豆上发生为害的红蜘蛛是棉红蜘蛛，也叫作朱砂叶螨，俗名火龙、火蜘蛛。

（一）形态特征

1. 成螨

体长0.3~0.5毫米，红褐色，有4对足。雌螨体长0.5毫米，卵圆形或梨形，前端稍宽隆起，尾部稍尖，体背刚毛细长，体背两侧各有1块黑色长斑；越冬雌螨朱红色，有光泽。雄螨体长0.3毫米，紫红色至浅黄色，纺锤形或梨形。

2. 卵

直径0.13毫米，圆球形，初产时无色透明，逐渐变为黄带红色。

3. 幼螨、若螨

幼螨足3对，体圆形，黄白色，取食后卵圆形浅绿色，体背两侧出现深绿长斑。若螨足4对，淡绿色至浅橙黄色，体背出现刚毛。

（二）为害症状

成螨和若螨群集于叶背面结丝成网，吸食汁液。大豆叶片受害初期叶正面出现黄白色斑点，3~5天以后斑点面积扩大，斑点加密，叶片开始出现红褐色斑块。随着为害加重，叶片变成锈褐色，似火烧状，叶片卷曲，最后脱落。

（三）发生规律

大豆红蜘蛛以受精的雌成虫在土缝、杂草根部、大豆植株残体上越冬。翌年 4 月中下旬开始活动，先在小蓟、小旋花、蒲公英、车前等杂草上繁殖为害，6—7 月转到大豆上为害，7 月中下旬到 8 月初随着气温增高繁殖加快，迅速蔓延；8 月中旬后逐渐减少，到 9 月随着气温下降，开始转移到越冬场所，10 月开始越冬。

（四）防治方法

1. 农业防治

保证保苗率，施足底肥，并要增加磷、钾肥的施入量，以保证苗齐苗壮，增强大豆自身的抗红蜘蛛为害能力；及时铲除杂草，防治草荒，大豆收获后要及时清除豆田内杂草，并及时翻耕，整地，消灭大豆红蜘蛛越冬场所；合理轮作；合理灌溉，可有效抑制大豆红蜘蛛繁殖。

2. 药物防治

防治方法按防治指标以挑治为主，重点地块重点防治。可选用 20% 哒螨灵可湿性粉剂 2 000 倍液进行叶面喷雾防治。

田间喷药最好选择晴天下午 4—7 时进行，重点喷施大豆叶片的背面。喷药时要做到均匀周到，叶片正、背面均应喷到，才能收到良好的防治效果。

四、大豆根潜蝇

大豆根潜蝇又称潜根蝇、豆根蛇潜蝇等。

（一）形态特征

1. 成虫

体长约 3.0 毫米，翅展 1.5 毫米，亮黑色，体形较粗。复眼大，暗红色。触角鞭节扁而短，末端钝圆。翅为浅紫色，有金属光泽。足黑褐色。

2. 卵

长约 0.4 毫米，橄榄形，白色透明。

3. 幼虫

体长约4毫米，为圆筒形、乳白色小蛆，进而全体呈现浅黄色，半透明；头缩入前腔，口钩为黑色，呈直角弯曲，其尖端稍向内弯。前气门1对，后气门1对，较大，从尾端伸出，与尾轴垂直，互相平行，气门开口处如菜花状。表面有28~41个气门孔。

4. 蛹

长2.5~3.0毫米，长椭圆形，黑色，前后气门明显突出，靴形，尾端有两个针状须（后气门）。

（二）为害症状

主要以幼虫为害主根，形成肿瘤以至腐烂，重者死亡，轻者使地下部生长不良，并可引起大豆根腐病的发生。

（三）发生规律

一般5月下旬至6月下旬气温高，适宜虫害发生，连作、杂草多以及早播的地块为害重。

（四）防治方法

1. 农业防治

①深翻轮作。豆田秋季深耕耙茬，深翻20厘米以上，能把蛹深埋土中，降低成虫的羽化率；秋耙茬能把越冬蛹露出地表，冬季低温干旱不利于蛹羽化而使其死亡。轮作也可减轻为害。

②选用抗虫品种。

③适时播种。当土壤温度稳定超过8℃时播种，播种深为3~4厘米，播后应及时镇压，另外适当增施磷、钾肥，增施腐熟的有机肥，促进幼苗生长和根皮木质化，可增强大豆植株抗害能力。

④田间管理。科学灌溉，雨后及时排水，防止地表湿度过大。适时中耕除草，施肥，并喷施植物生长调节剂抑制主梢旺

长，促进花芽分化，同时在花蕾期、幼荚期和膨果期喷施植物生长调节剂，可强花强蒂，提高抗病能力，增强授粉质量，促进果实发育。

2. 药剂拌种

用40%辛硫磷乳油兑水喷洒到大豆种子上，边喷边拌，拌匀后闷4~6小时，阴干后即可播种。或种子用种衣剂加新高脂膜拌种。

3. 田间喷药防治成虫

大豆出苗后，每天下午4—5时到田间观察成虫数，如每平方米有0.5~1.0头成虫，即应喷药防治。成虫发生盛期也可用80%敌敌畏乳油1 000倍液+新高脂膜800倍液喷雾。或用80%敌敌畏缓释卡熏蒸，随后喷施新高脂膜800倍液巩固防治效果。

成虫多发期为5月末至6月初，大豆长出第一片复叶之前进行第一次喷药，7~10天后喷第二次。

五、双斑萤叶甲

（一）形态特征

成虫长卵圆形，体长3.5~4.0毫米。头、胸红褐色，触角灰褐色。鞘翅基半部黑色，上有2个淡黄色斑，斑前方缺刻较小，鞘翅端半部黄色。胸部腹面黑色，腹部腹面黄褐色，体毛灰白色。幼虫体长6~9毫米，黄白色，前胸背板骨化色深，腹面末端有铲形骨化板。

（二）为害症状

成虫食叶片和花穗，形成缺刻或孔洞。

（三）发生规律

为害时间为7—8月，干旱年份发生较重。光线较弱时，易在大豆叶片上发现成虫。

（四）防治方法

①秋季深翻、平整土地，结合农田基本建设消灭虫卵。

②铲除杂草，清洁出园，消灭中间寄主植物。

③采用人工和机械网捕双斑萤叶甲。

④10%氯氰菊酯乳油0.30~0.45升/公顷等药剂兑水喷雾。

六、斜纹叶蛾

（一）形态特征

成虫体长14~20毫米，翅展35~40毫米，头、胸、腹均深褐色，胸部背面有白色丛毛，腹部前数节背面中央具暗褐色丛毛。前翅灰褐色，斑纹复杂，内横线及外横线灰白色，波浪形，中间有白色条纹，在环状纹与肾状纹间，自前缘向后缘外方有3条白色斜线，故名斜纹夜蛾。后翅白色，无斑纹。

卵扁半球形，直径0.4~0.5毫米，初产黄白色，后转淡绿色，孵化前紫黑色。卵粒集结成3~4层的卵块，外覆灰黄色疏松的绒毛。

老熟幼虫体长35~47毫米，头部黑褐色，腹部体色因寄主和虫口密度不同而异：土黄色、青黄色、灰褐色或暗绿色，背线、亚背线及气门下线均为灰黄色及橙黄色。从中胸至第九腹节在亚背线内侧有三角形黑斑1对，其中以第一、第七、第八腹节的最大。胸足近黑色，腹足暗褐色。

蛹长15~20毫米，赭红色，腹部背面第四至第七节近前缘处各有1个小刻点。臀棘短，有1对强大而弯曲的刺，刺的基部分开。

（二）为害症状

幼虫食叶，形成缺刻或孔洞，严重的把叶片吃光。也为害豆类的茎和荚（图7-21）。

（三）发生规律

该虫在豆田多把卵产在中上部叶背面。1龄幼虫群集豆叶背

图 7-21　斜纹叶蛾为害叶片

面啃食，仅留上表皮，受害叶枯黄；2龄后分散，在叶背为害；5龄后进入暴食期，食物缺乏时，可成群迁至附近田里为害。

（四）防治方法

1. 诱杀成虫

结合防治其他菜虫，可采用黑光灯或糖醋盆等诱杀成虫。

2. 药剂防治

3龄前为点片发生阶段，可结合田间管理，进行挑治，不必全田喷药。4龄后夜出活动，因此施药应在傍晚前后进行。药剂可选用1.8%阿维菌素乳油2 000倍液、5%氟啶脲乳油2 000倍液、10%吡虫啉可湿性粉剂1 500倍液、20%虫酰肼悬浮剂2 000倍液、10%虫螨腈悬浮剂1 500倍液、20%氰戊菊酯乳油1 500倍液、2.5%溴氰菊酯乳油1 000倍液、5%氟氯氰菊酯乳油1 000~1 500倍液等，每7~10天1次，连用2~3次。

七、大豆二条叶甲

（一）形态特征

成虫体长2.7~3.5毫米，宽1.3~1.9毫米。体较小，椭圆形至长卵形，黄褐色。触角基部两节色浅，其余节黑褐色，有时褐色。足黄褐色，胫节基部外侧有深褐色斑，并被黄灰色细毛。鞘翅黄褐色，前翅中央各具1条稍弯的黑纵条纹，但长短个体间有变化。头额区有粗大刻点。额瘤隆起。触角5节，较粗短，第一节很长，第二节短小。前胸背板长宽近相等，两侧边向基部收缩，中部两侧有倒"八"字形凹。小盾片三角形，几乎无刻点。鞘翅两侧近于平行，翅面稍隆凸，刻点细。卵球形，长0.4毫米，初为黄白色，后变褐色。末龄幼虫体长4~5毫米，乳白色，头部、臀板黑褐色，胸足3对，褐色。裸蛹乳白色，长4~5毫米，腹部末端具向前弯曲的刺钩。

（二）为害特征

以成虫为害大豆子叶、生长点、嫩茎，把叶食成浅沟状圆形小洞，为害真叶成圆形孔洞，严重时幼苗被毁，有时还为害花、荚等，致结荚数减少。幼虫在土中为害根瘤，致根瘤成空壳或腐烂，造成植株矮化，影响产量和品质（图7-22）。

图7-22　大豆二条叶甲田间为害症状

（三）发生规律

东北、华北、安徽、河南一带每年 3~4 代，多以成虫在杂草及土缝中越冬，浙江越冬成虫于 4 月上中旬开始活动，4 月下旬至 5 月下旬为害春大豆，6 月为害夏大豆，7 月中下旬又为害大豆花及秋大豆幼苗。河南于 5 月中旬为害幼苗，7 月上中旬为害豆花。东北 4 月下旬至 5 月上旬始见成虫，5 月中下旬为害刚出土的豆苗；黑龙江为害豆叶，6 月进入为害盛期。成虫活泼善跳，有假死性，白天藏在土缝中，早、晚为害，成虫把卵产在豆株四周土表，每雌虫产卵 300 粒，卵期 6~7 天，幼虫孵化后就近在土中为害根瘤，末龄幼虫在土中化蛹，蛹期约 7 天，成虫羽化后取食一段时间，于 9—10 月入土越冬。

（四）防治方法

1. 农业防治

实行与禾本科、麻类等作物轮作 2 年以上，避免重茬、迎茬，也不要与其他豆科植物（如菜豆、小豆、绿豆等）和甜菜轮作。秋收后及时清除豆田杂草和枯枝落叶，集中烧毁或深埋，如能结合秋翻效果更好。

2. 药剂拌种

翻耕土壤时，结合处理地下害虫。用 40%辛硫磷乳油闷种，药：水：种 = 1：40：400。或种子用种衣剂包衣，按大豆种子重量的 1.0%~1.5%拌种包衣，不用兑水。

3. 化学防治

成虫发生期，可选用 50%杀螟硫磷乳油 1 000 倍液、5%S-氯氰菊酯乳油 1 500~3 000 倍液、20%甲氰菊酯乳油 2 000 倍液或 50%氰戊·辛硫磷乳油 2 000 倍液等喷雾防治。

防治幼虫，可选用 40%辛硫磷乳油 2 500 倍液灌根。大豆对辛硫磷敏感，不宜加大药量。

八、蝗虫

蝗虫有中华蝗、棉蝗、笨蝗、短额负蝗等。

(一) 形态特征

成虫：雄成虫体长 35.5~41.5 毫米，雌成虫 39.5~51.2 毫米。体通常为绿色或黄褐色，常因环境因素影响有所变异。颜面垂直，触角淡黄色。前胸背板中隆线发达，从侧面看散居型略呈弧形，群居型微凹，两侧常有暗色纵条纹。前翅狭长，常超过后足胫节中部，有褐色、暗色斑纹，群居型较深。后翅无色透明。群居型后足腿节上侧有时有 2 个不明显的暗色条纹，散居型常消失或不明显。后足胫节通常橘红色，群居型稍淡，沿外缘通常具刺 10~11 个。

卵块及卵：卵块黄褐色，长筒形，长 45~61 毫米，中间略弯，上部略细，上部 1/5 部分为海绵状胶质，不含卵粒，其下部藏卵粒，卵粒间有胶质黏附。每块一般含卵 50~80 粒，最多可有 200 粒，呈斜排列，4 行。卵粒呈圆锥形，稍弯曲，长 6.5 毫米，宽 1.6 毫米。

若虫（蝗蝻）：共 5 龄。5 龄蝗蝻体长 26~46 毫米。触角 24~25 节。前胸背板后缘向后延伸盖住中、后胸背面，前翅芽长达腹部第四、第五节，前翅芽狭长并为后翅芽所掩盖，翅尖指向后方。

(二) 为害症状

蝗虫以咬食大豆叶、茎为主（图 7-23）。

(三) 发生规律

蝗虫一般属于兼性滞育昆虫，多以卵在土壤中的卵囊内越冬，仅日本黄脊蝗、短脚斑腿蝗等少数种类以成虫越冬。在 1 年中发生的世代数，取决于该物种的生物学特性与不同地区的年有

图7-23　蝗虫为害叶片

效积温、食物、光照及其各虫期生长发育状况。例如，亚洲飞蝗在我国分布区1年发生1代。东亚飞蝗在我国长江中下游及其以北分布地区1年发生2代，而淮河流域的高温干旱年份则1年发生3代或不完整3代；华南地区1年发生4~5代。中华稻蝗在长江及其以北地区1年发生1代，在长江以南则1年发生2代。

（四）防治方法

1. 农业防治

入冬前发生量多的沟、渠边，利用冬闲深耕晒垡，破坏越冬虫卵的生态环境，减少越冬虫卵。

2. 保护天敌

利用青蛙、蟾蜍等捕食性天敌，一般发生年份均可基本抑制该虫害发生。

3. 化学防治

发生较重的年份，可在7月初至7月中下旬进行喷药防治，以后则视虫情每隔10天防治1次。可选用2.5%高效氯氟氰菊酯乳油2 000~3 000倍液、5.7%氟氯氰菊酯乳油1 000~1 500倍液或20%阿维·杀虫单微乳剂600~800倍液（桑蚕地区慎用）等喷雾防治。

九、草地螟

（一）形态特征

1. 成虫

淡褐色，体长8~10毫米，前翅灰褐色，外缘有淡黄色条纹，翅中央近前缘有1处深黄色斑，顶角内侧前缘有不明显的三角形浅黄色小斑，后翅浅灰黄色，有2条与外缘平行的波状纹（图7-24）。

图7-24 草地螟成虫

2. 幼虫

共5龄，老熟幼虫16~25毫米，1龄淡绿色，体背有许多暗褐色纹，3龄幼虫灰绿色，体侧有淡色纵带，周身有毛瘤。5龄多灰黑色，两侧有鲜黄色线条。

（二）为害特征

初孵幼虫取食叶肉，残留表皮，长大后可将叶片吃成缺刻或仅留叶脉，使叶片呈网状。大暴发时，也为害花和幼荚。

（三）发生规律

一般春季低温多雨不易发生，如在越冬代成虫羽化盛期气温较常年高，则有利于发生。孕卵期间如遇环境干燥又不能吸食到适当水分，产卵量减少或不产卵。

（四）防治方法

①及时清除田间杂草，可消灭部分虫源，秋耕或冬耕还可消灭部分在土壤中越冬的老熟幼虫。

②在幼虫为害期喷洒40%辛硫磷乳油1 500倍液。

十、蛴螬

（一）形态特征

蛴螬（图7-25）又名白土蚕，是金龟甲幼虫的统称，属于鞘翅目。蛴螬体肥大，体型弯曲呈"C"形，多为白色，少数为黄白色。头部褐色，上颚显著，腹部肿胀。体壁较柔软多皱，体表疏生细毛。头大而圆，多为黄褐色，生有左右对称的刚毛，刚毛数量常为分种的特征。例如，华北大黑鳃金龟的幼虫为3对，黄褐丽金龟幼虫为5对。蛴螬具胸足3对，一般后足较长。腹部

图7-25　蛴螬

10 节，第十节称为臀节，臀节上生有刺毛，其数目和排列方式也是分种的重要特征。

（二）为害症状

蛴螬以幼虫为害为主，幼虫取食地下部分，包括根部、茎的地下部分以及萌动的种子，可以咬断茎根，断口整齐平截，吃光种子，造成幼苗死亡或种子不能萌发，以致形成缺苗断垄。成虫可取食叶片，严重时也可以将叶片吃光。

（三）发生规律

蛴螬生活史较长，除成虫有部分时间出土外，其他虫态均在地下生活。在我国完成一代的时间一般为 1~2 年到 3~6 年。以幼虫和成虫越冬。蛴螬有假死性和趋光性，并对未腐熟的粪肥有趋性。白天藏在土中，晚上 8—9 时进行取食等活动。蛴螬始终在地下活动，与土壤温湿度关系密切。当 10 厘米土温达 5℃时开始上升土表，13~18℃时活动较盛，23℃以上则往深土中移动，至秋季土温下降到其活动适宜范围时，再移向土壤表层。因此，蛴螬对果园苗圃、幼苗及其他作物的为害主要是春秋两季。土壤潮湿活动加强，尤其是连续阴雨天气，春、秋季在表土层活动，夏季多在清晨和夜间到表土层活动。

（四）防治方法

1. 农业防治

可在低龄幼虫发生期灌溉，淹死幼虫；与水稻轮作，可降低大豆田虫口密度。成虫发生盛期，在成虫喜欢取食的树木如杨树、榆树上捕杀成虫。翻耕整地，压低越冬虫量；合理施肥，增强作物的抗虫能力。消除地边、荒坡、沟旁、田埂等地杂草，破坏金龟子的适宜生活场所。

2. 种衣剂拌种

大豆种衣剂与种子按 1∶60 比例拌匀后播种。也可用 40%辛硫磷乳油拌种，用药量为种子重量的 0.25%，拌匀后闷种 4 小时，阴干后播种。

3. 生物防治

用活孢子含量为 1×10^9 个/克的乳状菌粉，用量为每亩 200 克，播前与基肥同时施用，或在苗后苗眼施用，施后应及时覆土。

4. 化学防治

可在 7 月中下旬每亩用 5%辛硫磷颗粒剂 2.5 千克，加细土 15 千克，配成毒土或颗粒顺垄撒于大豆基部，结合中耕锄地，将药剂翻入土中。在成虫发生盛期用 50%马拉硫磷乳油 1 000 倍液喷雾，地下害虫地上治，这样防治效果很显著。

在苗期也可采用药剂灌根。苗后幼虫为害大豆地块，可选用 90%敌百虫原药或 80%敌敌畏乳油稀释 1 000 倍液灌根。

第四节　大豆草害的防控防治技术

一、大豆田杂草综合防控技术

大豆田杂草综合防控技术主要分为非化学控草技术和化学控草技术。

（一）非化学控草技术

1. 农业措施

结实前及时清除田间沟渠、地边和田埂生长的杂草，防止杂草种子扩散入大豆田为害。通过播种前浅旋耕、适时早播，采取与玉米、小麦、水稻等作物轮作，减少伴生杂草发生。采取适当密植、加强肥水管理，增强大豆的田间竞争能力，减轻杂草为害。

2. 生态措施

采取玉米秸秆覆盖、稻草覆盖，有效降低杂草出苗数。

（二）化学控草技术

大豆田杂草因地域、播种季节和轮作方式的不同，采用的化除策略和除草剂品种有一定差异。选择除草剂时要考虑上下茬衔接科学施药，当大豆与玉米、甜菜、春油菜、瓜类等作物轮作时，不宜喷施咪唑乙烟酸、异噁草松等长残留除草剂，以免土壤残留影响后茬敏感作物生长。

在北方一年一熟大豆种植区，杂草防控采用"一封一杀"策略。播后苗前，选用乙草胺（异丙甲草胺、精异丙甲草胺）+噻吩磺隆（扑草净、嗪草酮、唑嘧磺草胺）桶混进行土壤封闭处理；在大豆2~3片三出复叶期、杂草3~4叶期，选用烯草酮、精吡氟禾草灵、高效氟吡甲禾灵、精喹禾灵、喹禾糠酯、烯禾啶等药剂及其复配制剂防治稗、马唐、野燕麦等禾本科杂草，选用氟磺胺草醚、灭草松、三氟羧草醚、乙羧氟草醚、乳氟禾草灵、嗪草酸甲酯、氯酯磺草胺等药剂及其复配制剂防治鸭跖草、反枝苋等阔叶杂草。

在黄淮海、南方大豆种植区，大豆常与小麦、油菜等轮作倒茬，杂草防控采用"一封一杀"或"一次杀除"策略。

在土壤墒情较好的大豆田，播后苗前，选用乙草胺（异丙甲草胺、精异丙甲草胺）+噻吩磺隆（唑嘧磺草胺）桶混进行土壤封闭处理。在封行前，选用精吡氟禾草灵、高效氟吡甲禾灵、精喹禾灵、烯草酮、烯禾啶等药剂及其复配制剂防治马唐、稗等禾本科杂草，选用三氟羧草醚、乙羧氟草醚、氟磺胺草醚、乳氟禾草灵、嗪草酸甲酯、灭草松等药剂及其复配制剂防治反枝苋、藜等阔叶杂草。

土壤墒情较差或整地质量不好的大豆田，采用茎叶喷雾处理一次杀除，在大豆3~4片三出复叶期、杂草3~4叶期，选用茎叶处理除草剂进行防治。

二、大豆田常见杂草的防治

（一）鸭跖草

1. 识别要点

鸭跖草又叫兰花草、竹叶草，在我国甘肃等北部省份分布较多，影响大豆等农作物生长。鸭跖草仅上部直立或斜伸，茎圆柱形，长30~50厘米，茎下部匍匐生根。叶互生，无柄，披针形至卵状披针形，叶片长1.5~2.0厘米，有弧形脉，叶较肥厚，表面有光泽，叶基部下延成鞘，具紫红色条纹，鞘口有缘毛。小花每3~4朵1簇，由一绿色心形折叠苞片包被，着生在小枝顶端或叶腋处。花被6片，外轮3片，较小，膜质，内轮3片，中前方1片白色，后方2片蓝色，鲜艳。蒴果椭圆形，2室，有种子4粒。种子土褐色至深褐色，表面凹凸不平。靠种子繁殖（图7-26）。

图7-26　鸭跖草

2. 防治方法

（1）土壤处理　50%丙炔氟草胺可湿性粉剂120~180克/公顷

或 80%唑嘧磺草胺水分散粒剂 56.25~75.00 克/公顷。

（2）茎叶处理　在鸭跖草 2 叶期，用 84%氯酯磺草胺水分散粒剂 37.5 克/公顷喷施。

（二）苣荬菜

1. 识别要点

多年生草本，全株有乳汁。茎直立，叶互生，披针形或长圆状披针形。基生叶具短柄，茎生叶无柄（图 7-27）。

图 7-27　苣荬菜

2. 防治方法

（1）农艺措施　合理轮作，深翻深耕。

（2）土壤处理　可选用 50%丙炔氟草胺可湿性粉剂 120~180 克/公顷或 80%唑嘧磺草胺水分散粒剂 56.25~75.00 克/公顷。

（3）茎叶处理　可用 84%氯酯磺草胺水分散粒剂 37.5 克/公顷喷雾防治。

（三）反枝苋（红根苋菜）

1. 识别要点

一年生草本，茎直立，粗壮，单一或分枝，淡绿色。叶片菱状卵形或椭圆状卵形，全缘或波状缘。圆锥花序顶生及腋生，直立，由多数穗状花序形成；胞果扁卵形（图 7-28）。

图 7-28　反枝苋

2. 防治方法

由于反枝苋对茎叶处理除草剂氟磺胺草醚等已经产生抗性，建议进行土壤处理。可选用 50% 丙炔氟草胺可湿性粉剂 120～180 克/公顷或 80% 唑嘧磺草胺水分散粒剂 56.25～75.00 克/公顷。

（四）稗

1. 识别要点

稗茎秆直立，基部倾斜或膝曲，光滑无毛。叶鞘松弛，下部者长于节间而上部者短于节间；无叶舌；叶片无毛。圆锥花序主轴具角棱，粗糙；小穗密集于穗轴的一侧，具极短柄或近无柄（图 7-29）。

2. 防治方法

①根据草相确定除草剂。

②播种前清理杂草。

③使用精喹禾灵、氟磺胺草醚、乙羧氟草醚、灭草松、乙羧氟草醚、高效氟吡甲禾灵、苯达松、氟羧草醚等除草剂。

图 7-29　稗

（五）问荆

1. 识别要点

多年生草本，具发达根茎。地上茎直立，枝二型，一是孢子茎，先发，肉质，不分枝，黄白色或淡黄色，孢子囊穗状顶生；二是营养茎，于孢子茎枯萎前在同一根茎上生出，有轮生分枝，单一或再生，绿色。叶变成鞘状，有黑色小鞘齿（图 7-30）。

图 7-30　问荆

2. 防治方法

（1）农艺措施　合理轮作小麦或玉米，苗后使用2甲4氯防除问荆，减少大豆茬问荆数量。

（2）茎叶处理　可选用250克/升氟磺胺草醚水剂1 200~1 500毫升/公顷。

（六）菟丝子

1. 识别要点

一年生寄生草本。茎缠绕，黄色，纤细，多分枝，随处可生出寄生根，伸入寄主体内。苞片鳞片状，花冠裂片三角状卵形。蒴果近球形，稍扁（图7-31）。

图7-31　菟丝子

2. 防治方法

（1）精选种子，轮作换茬　菟丝子种子小，千粒重仅1克左右。通过筛选、风选均能清除混杂在豆科中的菟丝子。菟丝子不能寄生在禾本科作物上，与禾本科作物轮作3年以上，最好与水稻实行水旱轮作1~2年，可以消灭田里的菟丝子。

（2）深翻土壤　菟丝子种子在土表5厘米以下不易萌发出土，深耕10厘米以上，将土表菟丝子种子深埋，使菟丝子难以发芽出土，可以减少发生量。

（3）肥料要充分腐熟　家禽吃了含菟丝子种子的饲料后，其粪便会带菟丝子的种子，因此家禽粪便等有机肥料必须充分腐熟方可施入田里。

（4）人工拔除　大豆出苗后要经常踏田勘查，发现有菟丝子缠绕在大豆上，及时将该植株拔出田，在拔除时需将清除的菟丝子残体同脱落在地面的断枝一并运出，远离大豆田集中销毁。

（5）茎叶处理　大豆 1～2 叶期茎叶处理，可选用 48%仲丁灵乳油 250～300 毫升/亩。

（七）马唐

1. 识别要点

茎直立或下部倾斜，膝曲上升，无毛或节生柔毛。叶鞘短于节间，叶片线状披针形。总状花序 3～10 枚，呈指状排列，下部的近轮生；小穗一般孪生，一个有柄，另一个近无柄（图 7-32）。

图 7-32　马唐

2. 防治方法

（1）农业防治 施用彻底腐熟的农家肥；细致地进行田间管理，成熟前割除地上部分供饲用，或拔取全株沤制绿肥。

（2）化学防除 大豆田马唐可用土壤处理除草剂异恶草松、氟乐灵、咪唑乙烟酸、异丙甲草胺、乙草胺、异丙草胺，茎叶处理剂稀禾啶、精吡氟禾草灵、精喹禾灵、精恶唑禾草灵、烯草酮、甲氧咪草烟等进行防治。

第八章　大豆自然灾害防控技术

第一节　大豆高温干旱防控技术

一、大豆高温防控

（一）高温对大豆生长的影响

大豆萌发的适宜温度一般为 15~22℃，开花授粉的适宜温度为 20~25℃，超过 35℃雄蕊就会死亡，适宜的相对湿度为 70%~90%。大豆籽粒形成期的适宜温度为 21~23℃，从鼓粒期至成熟期的适宜温度为 19~20℃。夏季日最高温度超过 35℃的日数多，存在热害，对大豆生长发育极为不利。

夏季 7 月、8 月高温伴随辐射促使大豆叶片失水过快，导致叶片边缘向内卷曲，继而卷叠部位变干呈黄褐色，或者自叶尖开始焦枯卷曲，发展至整个叶片，严重时叶片边缘甚至整个叶片由于快速失水而发脆，整株死亡。鼓粒期间发生高温胁迫在一定程度上影响种子活力，降低种子发芽率和幼苗质量。

（二）防控措施

（1）选择耐高温品种　不同大豆品种耐高温能力存在较大差异，生产上可选耐高温大豆品种。

（2）适时早播　根据高温气候出现的规律，结合大豆形成产量的关键阶段，适时早播，避开苗期和开花期的高温天气。

（3）及时灌溉　在大豆花荚期出现持续高温天气，一般伴有干旱发生。因此，应及时灌溉。另外，水温比地表温度低得多，灌溉降温可以改善田间小气候，能缓减高温对大豆的伤害，大豆花荚期也是生理需水关键时期，应及时灌溉。可依据天气预报在早晚通过喷灌等形式灌溉，避免中午灌溉。

（4）喷施植物生长调节剂　在大豆生长发育前期于叶面喷施植物生长调节剂抑制植株徒长，增强抗逆能力。

（5）喷施微肥　一些微量元素在作物体内发挥重要作用。例如，锌在植物体内能加强蛋白质的抗热能力，硼对于碳水化合物运输是必不可少的，钼促进大豆根瘤固氮。因此，在高温来临之前喷施磷酸二氢钾或上述微肥都能减轻高温伤害。在危害发生后，叶面喷施磷酸二氢钾、尿素等促进大豆生长，减少损失。

二、大豆干旱防控

（一）干旱对大豆生长的影响

大豆需水量大，蒸腾系数要比小麦、谷子、高粱等作物多0.4~1倍，是抗旱能力较弱的作物。在各生育时期当土壤水分低于田间持水量的60%时都可能发生干旱。大豆种子大，萌发需要吸收较多的水分，播种出苗期干旱可造成断垄或影响适时播种。分枝期干旱可使分枝减少，花芽分化受到抑制，对产量影响较大。开花前遇旱可使花蕾发育不健全，花荚易脱落。开花期受旱叶片萎蔫，光合作用受抑制，造成大量落花；短期落花落荚可由其他花荚弥补，但长期干旱对产量影响很大。鼓粒初期是需水高峰期，干旱造成落荚或瘪荚少粒，中后期干旱使粒重明显下降。

（二）干旱防控措施

1. 选用和培育抗旱性强的品种

干旱地区选用适宜品种，植株与环境条件配合好，就容易获得较高产量。选用和培育抗旱性强的品种，是为了让大豆去适应环境，同时还可以采用改良环境的办法，优化大豆植株的生长发育条件，让品种的生产力更好地发挥出来。或选择适宜熟期的品种，使需水高峰期与雨季吻合。

2. 除净杂草

化学除草与人工除草相结合，封闭除草。遇春季干旱，要先喷1遍水，再喷药。防止杂草与苗争水分。

3. 优化施肥抗旱

（1）增施有机肥，改良土壤环境　有机肥除含有大量大豆生长发育所需养分外，还可以起到改良土壤、增加土壤墒情的作用。干旱地区的土壤多为贫瘠的沙性土，保水保肥能力差，增施有机肥可以增强土壤蓄水能力，改善大豆根系生长条件。

（2）合理追肥　播种阶段持续干旱造成大豆前期生长较弱，为补充大豆营养，促进生长发育，提高抗逆性，要及时追肥。追肥要做到适时早追，防止脱肥，尤其要增施钾肥，钾肥有壮秆、抗病、促早熟的作用，可以提高大豆产量，改善品质。在追施氮素肥料时，施用量不能过大，追施时间不能过晚，防止贪青晚熟。

（3）补充钾肥　大豆需钾量仅次于氮而多于磷。施钾使大豆植株产生系列抗旱特性，如根、茎、叶的维管束组织进一步发达，细胞壁和厚角组织增厚，促水能力提高。

4. 增加中耕次数

加强铲耥次数，有利于切断土壤毛细管，防止水分蒸发。一般旱地大豆生长发育期间进行深中耕2~3次，耕深6~10厘米，促进根系向下扩展，做到有草锄草，无草保墒。

5. 灌溉

大豆是需水较多的旱田作物，水分与大豆生长发育有极密切的关系。在幼苗期，可适当少灌溉，以喷灌为好。在开花结荚期，干旱必须灌溉。可以采用沟灌，但灌后必须及时中耕，松土除草，以提高地温，促进大豆生长。

6. 喷植物生长调节剂

大豆花荚期喷施植物生长调节剂有利于大豆生长，减少叶面蒸发。

7. 耕作保墒

耕作保墒的主要任务是经济有效地利用土壤水分，发挥土壤潜在肥力，调节水、肥、气、热关系，提高作物防御抗旱的能力，其中心是创造有利于作物生长的水分条件。原则上尽可能保存大量的雨水，抑制地面蒸发，减少土壤中水分的不必要消耗，即做好保墒工作。

大豆是深根作物，深耕土壤是大豆增产的一项重要措施。深耕增产的原因是接纳雨水、加速土壤熟化、提高土壤肥力。前茬作物收获后尽量提早耕期，并做到不漏耕、不跑茬、扣平、扣严、坷垃少。

8. 抗旱播种

主要有抢墒、接墒两种。抢墒是趁土壤水分较好时抓紧时间播种，常用的方法是顶浆早播、雨后抢种，充分利用返浆水进行早播、浅播，随播随压，保证土壤水分。接墒是采用多种方法使种子播在湿土中，如秋起垄、秋施基肥、垄上开沟浅播、早播、遇旱时采用深播浅覆土等。

9. 地面覆膜抗旱

大豆行间覆膜。选用厚度为 0.01 毫米、宽度为 60 厘米的地膜。尽量选择拉力较强的膜，以利于机械起膜作业。大豆平作行间覆膜要改以前 80 厘米宽度的膜为 60 厘米，使田间分布更为均匀，有利于提高产量。

全膜双垄沟播技术用地膜全地面覆盖，使整个田间形成沟垄相间的集流场。将农田的全部降水拦截汇集到垄沟，通过渗水孔下渗，最后聚集到作物根部，成倍增加作物根区的土壤水分储蓄量，实现雨水的富集叠加利用，特别是对春季 10 毫米以下微小降水的有效汇集，可有效解决北方旱作区春旱严重影响播种和苗期缺水的问题。同时，该技术增温增光、抑草防病、增产增收效果十分显著。

第二节　大豆霜冻冷害防控技术

一、大豆霜冻防控

（一）霜冻对大豆生长的影响

春霜冻危害幼苗，秋霜冻使鼓粒终止，对产量的影响更大，夏秋冷害使发育延迟，若初霜冻来得早损失更大。大豆苗期较为耐寒，最低气温 0℃ 左右、地面最低温度 $-3 \sim -2℃$ 或叶面最低温度 $-5 \sim -4℃$ 时幼苗才遭受霜冻危害。成熟期当最低气温低于 3℃ 或地面最低温度在 0℃ 以下，大豆可遭受危害。收获适期的形态特征：茎秆呈棕黄色，10% 的叶片和 20%~30% 的叶柄尚未脱落，豆荚与种子间白膜消失。据观测，早 7 时植株的含水量为 40%~50%，豆粒含水量为 18%~20%，午间分别下降到 13%~18% 和 14%~15%。早晨收割难脱净，中午收割易裂荚掉粒，以上下午收割为好。

（二）减轻大豆霜冻的措施

①根据当地无霜期的长度和生长期积温选择适宜的品种，在生长季短的地区要选择早熟高产和抗寒能力强的品种。

②适时早播，促苗早发，争取早成熟。

③霜冻来临前灌溉、喷水或熏烟防霜。

二、大豆冷害防控

(一) 冷害对大豆生长的影响

主要发生在东北北部，历史上几次严重的冷害年减产都在 30% 以上，大豆冷害主要有生长发育不良、延迟型、障碍型 3 种类型。

1. 生长发育不良

在出苗、幼苗生长、分枝和花芽分化期遇较长时间低温，使出苗率降低，幼苗生长缓慢，根系弱，叶片少，分枝发育不良，花芽分化受阻，开花数减少，导致后期减产。

2. 延迟型

因较长时期低温使发育延迟，秋季来不及在霜冻前成熟而减产。

3. 障碍型

在开花前期遇较强异常低温，15℃ 左右低温能使雄蕊发育受阻，花粉萌发力下降，花药不开裂。低于 18℃ 有机物质运输受阻，落花落荚增加，结荚率和结实率降低，在开花前 11～17 天最为敏感。由于大豆开花期长，回暖对前期有补偿作用，短时的低温不会造成严重影响。

(二) 减轻大豆冷害的措施

①根据当地气候选用适宜的主栽品种，应具有 70%～80% 的成熟保证率，严控越区引种。搭配 20%～30% 的早熟和偏晚熟品种，根据不同播期分别选用。

②造好底墒，适时早播，力争早出苗。

③及时中耕除草，增施有机肥和磷、钾肥，喷洒植物生长调节剂，增强抗逆性。培养壮苗，防治病虫害，抗旱排涝，促进早发快长。

第三节　大豆涝害雹灾防控技术

一、大豆涝害防控

（一）水分过多对大豆生长的影响

1. 水分过多对大豆种子萌发极为不利

在渍水条件下若气温偏高（如20℃），发芽率会急剧下降。

2. 水分过多影响大豆生长发育

苗期水分过多常引起地温降低，加之氧气偏少，根系多贴着土壤表面横向生长，而很少向纵向伸展。据研究，大豆植株被浸渍2~3个昼夜，水温没有变化，水退之后尚能继续生长。如渍水的同时又遇高温，则植株必然大批死亡。水分过多之所以对大豆有如此大的影响，其原因主要是渍水排除了土壤微粒间的空气（特别是氧气），造成根部缺氧。在缺氧环境下，厌氧微生物产生对大豆植株有毒的物质，如硫化物、可溶性铁和锰、甲烷、乙烷、丙烯、醛酮等。同时，根系因无氧呼吸而产生乙醇、乳酸等有毒物质，这些有毒物质反过来又影响根的生长和生理活动。渍水还会造成叶绿素含量下降。

（二）涝害的防控措施

1. 山水林田综合治理

要求加强森林保护，种植树木，在涝区建立"以排为主、排灌结合"的农田水利配套工程设施，规划好围沟、腰沟、厢沟，使沟沟相通，围沟深于腰沟，腰沟深于厢沟，在整个大豆生长发育季节都要保持沟相通、水畅排。

2. 耕作治涝

采用浅翻深松，分层深松，间隔深松，结合施用有机肥、秸秆还田、大垄栽培等措施，增厚耕层，扩大土壤水库的容量，有利于排涝防旱。

3. 适时播种

选择适合本地种植的抗逆性强的优质品种，适时早播，避过涝害，提高单位面积产量。

4. 选择适宜的播种方式

东北春大豆区的垄上播种，有利于灌溉排水，四周有排水沟出水。黄淮夏大豆区与东北春大豆区，在一些低洼地区有台田耕作习惯，是一种排内涝、降地下水的耕作方法。这种耕作方式也要做到台田沟与其他沟能相通，水能排得出去。南方实行水稻大豆两熟或三熟制栽培的大豆区，要做到统一规划，连片种植，以利于排水与灌溉；若为丘陵稻田，则应尽可能安排上下几块田都种大豆，以利于水源调节。

二、大豆雹灾防控

（一）冰雹对大豆生长的影响

冰雹是春夏季节对农业生产危害较大的灾害性天气。根据一次降雹过程中，多数冰雹的直径、降雹累计时间和积雹厚度，可以将冰雹分为轻雹、中雹和重雹 3 级。雹灾危害严重时植株生长点和叶片被打坏，甚至植株死亡。

（二）大豆雹灾的防控措施

在大豆生长发育期间，如果遇到雹灾，要根据具体情况进行减灾防灾。如果在第一片复叶长成前遇到雹灾，应当采用早熟品种或其他生长发育期短的作物进行毁种。如果在第一片复叶长成后遇到雹灾，尽管植株生长点和叶片被打坏，但子叶节和复叶的腋芽均可发育成分枝，因此，灾后每亩及时追施尿素 10 千克，并加强生长发育后期田间管理，即可减轻雹灾的危害，不需要毁种。

第九章　大豆收获与贮藏

第一节　大豆成熟期

一、大豆成熟期的划分

大豆的成熟期一般可划分为生理成熟期、黄熟期、完熟期 3个阶段。

（一）生理成熟期

大豆进入鼓粒期以后，大量的营养物质向种子中运输，种子中干物质逐渐增多，当种子的营养物质积累达到最大值时，种子含水量开始减少，植株叶色变黄，此时即进入生理成熟期。

（二）黄熟期

当种子水分减少到 18%~20%时，种子因脱水而归圆，从植株外部形态看，此时叶片大部分变黄，有时开始脱落，茎的下部已变为黄褐色，籽粒与荚皮开始脱离，即为大豆的黄熟期。

（三）完熟期

植株叶子大部分脱落，种子水分进一步减少，茎秆变褐色，叶柄基本脱落，籽粒已归圆，呈现本品种固有的颜色，摇动植株时种子在荚内发出响声，即为完熟期。

后续茎秆逐渐变为暗灰褐色，表示大豆已经成熟。

二、促进大豆早熟的方法

(一) 排水促生长

在 7—8 月，很多地区都是处于雨季，有时降水量会特别大，雨水过多会对大豆造成不同程度的影响，尤其是在低洼地势的地块，极易发生沤根现象，严重影响大豆品质和产量。因此对于易发生内涝的低洼地势，要及时进行排水降渍处理，可以采取机械排水和挖沟排水等措施，及时排除田间积水和耕层滞水。另外，在排水后及时扶正，培育植株，将表层的淤泥洗去，促使大豆尽快恢复正常生长。

(二) 熏烟防霜

在大豆生长后期要随时密切关注天气的变化，当进入秋季以后，气温下降，尤其是夜间温度较低，尤其在凌晨 2—3 时，在气温降至作物临界点 1~2℃时，可以采取人工熏烟的方法防早霜。在未成熟的大豆地块的上风口，将秸秆、杂草点燃，使其慢慢地熏烧，这样地块上方就会形成一层烟雾，能提高地表温度 1~2℃，极好地改善田间小气候，降低霜冻带来的危害。熏烟要分布均匀，尽量保证整个田间均有烟雾笼罩。另外，用红磷等药剂在田间燃烧也有防霜的效果。

(三) 喷肥促熟

在大豆花荚期喷施叶面肥能加快大豆生长发育，促使其早熟，一般喷施的叶面肥是尿素+磷酸二氢钾，每亩可以用尿素 350~700 克+磷酸二氢钾 150~300 克。按照土壤缺素情况可增施微肥，一般亩用钼酸铵 25 克、硼砂 100 克兑水喷施，可在花荚期下午 4 时后喷施 2~3 次。有条件的还可以喷施芸苔素、矮壮素等生长调节剂，不仅能为植株提供营养物质，还能有效地增加植株的抗逆性和抗寒能力。另外，及时地拔除杂草，增加田间

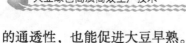

的通透性，也能促进大豆早熟。

第二节　大豆机械收获

一、大豆机械收获方法

（一）机械联合收获

采用联合收割机直接收获大豆，首选专用大豆联合收获机，也可以选用多用联合收获机或借用小麦联合收割机，但一定要更换大豆收获专用的挠性割台。大豆机械化收获时，要求割茬一般为 4~6 厘米，要以不漏荚为原则，尽量放低割台。为防止炸荚损失，割刀需锋利，割刀间隙需符合要求，减少割台对大豆植株的冲击和拉扯；适当调节拨禾轮的转速和高度，一般早期的豆枝含水量较高，拨禾轮转速可适当提高，晚期的豆枝含水量较低，拨禾轮转速需要相对降低，并对拨禾轮的轮板加胶皮等缓冲物，以减小拨禾轮对豆荚的冲击。在大豆联合收获机作业前，根据大豆植株含水量、喂入量、破碎率、脱净率等情况，调整机器作业参数。一般调整脱粒滚筒线速度至 470~490 米/分（即滚筒转速为 500~650 转/分）、脱粒间隙至 30~34 毫米。在收获时期，一天之内大豆植株和籽粒含水量变化很大，同样应根据含水量和实际脱粒情况及时调整滚筒的转速和脱粒间隙，降低脱粒破损率。要求割茬不留底荚、不丢枝，总损失率≤5%，破碎率≤5%，含杂率≤3%。

（二）分段收获

分段收获有收割早，损失小，炸荚、豆粒破损和泥花脸少等优点。割晒放铺要求连续不断空，厚薄一致，大豆铺底与机车前进方向成 30°角，豆铺放在垄台上，豆枝与豆枝之间相互搭接，以防拾禾掉枝，做到不留"马耳朵"，割茬低，割净、拣净，减少损失。要求综合损失不超过3%，拾禾脱粒损失不超过2%，收割损失不超过1%。割后5~10天，籽粒含水量在15%以下，及时拾禾。

二、大豆收获期的选择

适期收获对保证大豆的产量和品质具有重要意义，大豆机械化高效低损收获需要严格把握收获时间，收获时间过早，籽粒百粒重低，蛋白质和脂肪含量偏低，尚未完全成熟；收获时间过晚，大豆含水量过低，会造成大量炸荚掉粒现象。

（一）机械联合收获期的确定

机械收获的最佳时期是大豆完熟初期，此时大豆籽粒含水量为20%~25%，豆叶全部脱落，豆粒归圆，摇动大豆植株会听到清脆响声。

（二）分段收获期的确定

一般在大豆黄熟末期，此时大豆田有70%~80%的植株叶片、叶柄脱落，植株变成黄褐色，茎和荚变成黄色，用手摇动植株可听到籽粒的哗哗声，此时进行机械割晒作业比较合适；对于人工收割机械脱粒方式的收获期，一般在大豆完熟期，此时叶片完全脱落，茎、荚、粒呈原品种色泽，豆粒全部归圆，籽粒含水量下降至20%，摇动豆荚有响声。

三、大豆机械收获注意事项

在大豆机械收获过程中，籽粒硬度不适宜或收割机参数设置不当容易造成籽粒表面明显破碎，严重影响外观品质进而造成经济损失。另外，虽未造成种子外观明显破损，但内部可能出现子叶破裂、胚轴损坏等损伤，显著降低种子发芽率。为避免这些问题出现，应采取下列预防措施。

①选择适宜时期和时间收获可降低机械破损率，避免由于收获过早或豆荚潮湿致使籽粒硬度不够、揉搓性能过大，造成籽粒变形；或者由于收获过晚、空气湿度过小致使籽粒硬度过大、揉搓性能不足，造成籽粒破损。

②根据大豆茎秆湿度调整滚筒转速和脱粒间隙。早收获大豆茎秆湿度大、籽粒含水量较高，应将滚筒转速调大，入口和出口间隙调小；晚收获大豆茎秆干燥、籽粒含水量低，应将滚筒转速调小、入口和出口间隙调大。

③调整喂入链耙、籽粒升运器、杂余升运器等刮板链条紧度，以及升运器刮板与升运器壁的间隙，避免链条与链齿磕碎籽粒，避免脱粒滚筒、复脱器、籽粒及杂余推运搅龙等输送部位堵塞造成籽粒破碎。

第三节　大豆贮藏技术

一、大豆种子贮藏特性

（一）吸湿性强

大豆子叶中含有大量蛋白质（蛋白质是吸水力很强的亲水胶体），同时由于大豆的种皮较薄，种孔（发芽口）较大，所以其对大气中水分子的吸附作用很强。在气温 20℃、相对湿度 90%条件下，大豆的平衡水分达 20.9%（谷物种子在 20% 以下）；当相对湿度为 70% 时，大豆的平衡水分仅为 11.6%（谷物种子均在 13% 以上）。因此，大豆贮藏在潮湿的条件下，极易吸湿膨胀。大豆吸湿膨胀后，其体积可增加 2~3 倍，对贮藏容器产生极大的压力，所以大豆晒干以后，必须在相对湿度 70% 以下的条件下贮藏，否则容易超过安全水分标准。

（二）易丧失生活力

大豆水分虽保持在 9%～10% 的水平，但如果种温达到 25℃时，仍很容易丧失生活力。大豆生活力除与水分和温度有关系外，与种皮色泽也有很大的关系。黑色大豆保持发芽力的期限较长，而黄色大豆最容易丧失生活力。种皮色泽越深，其生活力保持得越长久，其原因是深色种皮组织较为致密，代谢作用较为微弱。

（三）易生霉变质

大豆颗粒椭圆形或接近圆形，种皮光滑，散落性较大。此外，大豆种子皮薄、粒大，干燥不当易损伤破碎。同时，大豆种皮含有较多的纤维素，对虫霉有一定抵抗力。但大豆在田间易受虫害和早霜的影响，有时虫蚀率高达 50% 左右。这些虫蚀粒、冻伤粒以及机械破损粒的呼吸强度要比完整粒大得多。受损伤的暴露面容易吸湿，往往成为发生虫霉的先导，引起大量的生霉变质。

（四）导热性差

大豆含油分较多，而油脂的导热率很小。所以大豆在高温干燥或烈日暴晒的情况下，不易及时降温以致影响生活力和食用品质。大豆贮藏期可利用这一特点以增强其稳定性，即大豆进仓时必须干燥且低温，仓库严密，防热性能好，大豆则可长期保持稳定，不易导致生活力下降。

（五）蛋白质易变性

大豆含有大量蛋白质，是远非一般农作物种子所可比的，但在高温高湿条件下，很容易老化变性，以致影响种子生活力和工艺品质及食用品质，这和油脂容易酸败的情况相同，主要是由于贮藏条件控制不当引起的。大豆种子一般含脂肪 17%～22%，由于大豆种子中的脂肪多由不饱和脂肪酸构成，所以很容易酸败变质。

二、大豆种子贮藏的技术要点

（一）充分干燥

充分干燥是大多数农作物种子安全贮藏的关键，对大豆来说，更为重要。一般要求长期安全贮藏的大豆水分必须在12%以下，如超过13%，就有霉变的危险。大豆干燥以带荚为宜，首先要注意适时收获，通常应等到豆叶枯黄脱落、摇动豆荚时互相碰撞发出响声时进行收割。收割后摊在晒场上铺晒2~3天，荚壳干透有部分爆裂，再行脱粒，这样可防止种皮发生裂纹和皱缩现象。大豆入库后，如水分过高仍须进一步暴晒，据试验，阳光暴晒对大豆出油率并无影响，但阳光过分强烈，易使子叶变成深黄色、脱皮甚至发生横断等现象。在暴晒过程中，以不超过44℃为宜，而在较低温度下晾晒更为安全稳妥；晒干以后，应先摊开冷却，再分批入库。

（二）低温密闭

大豆由于导热性不良且在高温情况下又易引起红变，所以应该采取低温密闭的贮藏方法。一般可趁寒冬季节，将大豆转仓或出仓冷冻，使种温充分下降后，再进仓密闭贮藏，最好表面加一层压盖物。加覆盖的和未加覆盖的相比，种子堆表层的水分要低，种温也低，并且保持原有的正常色泽和优良品质。有条件的地方将种子存入低温库、准低温库、地下库等效果更佳，但地下库一定要做好防潮去湿工作。贮藏大豆对低温的敏感程度较差，因此很少发生低温冻害。

（三）及时倒仓过风散湿

新收获的大豆正值秋末冬初季节，气温逐步下降，大豆入库后，还需进行后熟作用，放出大量的湿热，如不及时散发，就会引起发热霉变。为了达到长期安全贮藏的要求，大豆入库 3~4 周，应及时进行倒仓过风散湿，并结合过筛除杂，以防止出汗发热、霉变、红变等异常情况的发生。

根据实践经验，大豆在贮藏过程中，进行适当通风很有必要。贮藏在缸坛中的大豆，由于长期密闭，其发芽率比在仓库内贮藏的还差。适当通风不仅可以保持大豆的发芽率，还能起到散湿作用，使大豆水分下降，因为大豆在较低的相对湿度下，其平衡水分较一般种子为低。

参考文献

董伟，郭书普，2014. 大豆病虫害防治图解 [M]. 北京：化学工业出版社.

何荫飞，2019. 作物生产技术 [M]. 北京：中国农业大学出版社.

何永梅，杨雄，王迪轩，2020. 大豆优质高产问答 [M]. 2版. 北京：化学工业出版社.

李海朝，2016. 一本书明白大豆高产与防灾减灾技术 [M]. 郑州：中原农民出版社.

王璞，2004. 农作物概论 [M]. 北京：中国农业大学出版社.

谢甫绨，张玉先，张伟，等，2019. 图说大豆生长异常及诊治 [M]. 北京：中国农业出版社.

闫文义，2020. 大豆生产实用技术手册 [M]. 哈尔滨：北方文艺出版社.